線状降水帯

ゲリラ豪雨からJPCZまで豪雨豪雪の謎

小林文明 著

成山堂書店

はじめに

本書の企画が持ち上がった2022年の春は、ちょうど気象庁が線状降水帯の情報を発信し始める時期でした。その後、7月の北九州豪雨や9月の静岡豪雨など甚大な被害をもたらした豪雨災害が続き、その都度線状降水帯情報が出され、線状降水帯という言葉が一般社会に浸透した感があります。ただ、一般市民にとって新しい概念である線状降水帯は、気象学的にもその構造やメカニズム、発生場所など、未だわからない点が多く存在しているのが現状です。研究が始まったばかりの線状降水帯を取り上げるというチャレンジングなアプローチですが、本書では集中豪雨や集中豪雪をもたらす積乱雲群であるメソ対流システムにスポットを当てて、その構造やメカニズムを整理することを第一の目標としました。既刊『積乱雲』と併せて、積乱雲セルの不思議をお伝えできれば幸いです。

極端気象シリーズは第6弾になりますが、一貫しているのは〝極端気象から身を守る〟ということです。同じ大気現象でも、台風や竜巻と豪雨では対処方法は大きく異なります。また、豪雨と豪雪でもその対応は違ってきます。線状降水帯の〝今〟を理解して頂くとともに、防災の観点からも再認識して頂けると、著者として嬉しい限りです

2023年7月　**小林文明**

目　次

集中豪雨をもたらす線状降水帯。そのしくみをみてみよう！
せきちゃん

冬の線状降水帯ともいわれるJPCZはどのように発生するの？

豪雨豪雪をもたらす
マルチセルのしくみに
ついてみていくよ！

気象災害から身を守る
ために必要な知識と準備を
紹介するよ！

1章　線状降水帯とは

1.1 線状降水帯の定義

最近、「線状降水帯」という言葉が天気予報あるいは防災情報として頻繁に用いられるようになりました。集中豪雨をもたらす元凶として、多くの方が耳にしていることと思います。これは、気象庁が２０２２年（令和４年）から、線状降水帯の予測を行うようになったことが直接の理由ですが、その背景には、毎年のように多発する局地的な豪雨災害があります。積乱雲が列状に並んで発達、停滞することで、その直下では時間雨量が１００㎜を超えるような、記録的豪雨に見舞われます。この積乱雲の列*は、気象学的にはメソスケール*の現象であり、実態を観測することや短時間予測することは非常に難しいのです。しかも、線状降水帯の定義や構造、発生メカニズムに関しては未解明な部分が多く、予測自体も発展途上の段階といえます。本書では、メソ気象学の観点から線状降水帯の位置付けを整理し、豪雨豪雪をもたら

*積乱雲の列
定性的に直線的な積乱雲群の形状から線状降水帯と名前を付けられた。

*メソスケール
数㎞から数百㎞のスケール。水平スケール１０００㎞の総観スケールとマイクロスケールの中間スケール。中間という意味のメソを用いてメソスケール、メソ気象学などという。大雨を発生させる積乱雲あるいは積乱雲群が相当する。

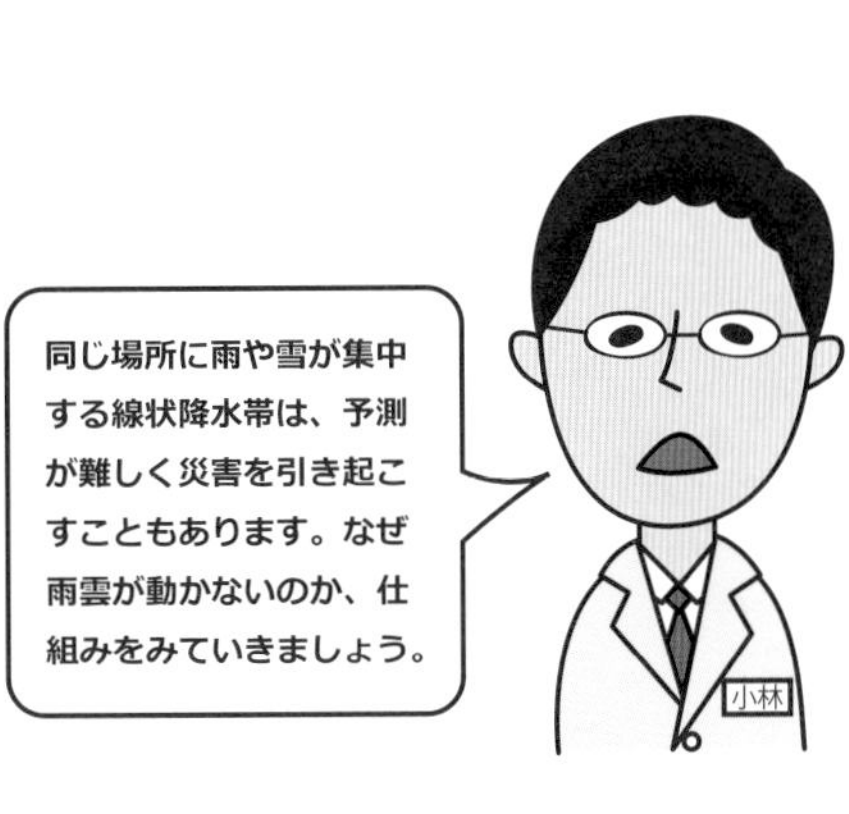
同じ場所に雨や雪が集中する線状降水帯は、予測が難しく災害を引き起こすこともあります。なぜ雨雲が動かないのか、仕組みをみていきましょう。
小林

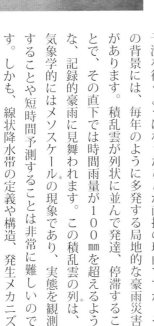

す線状降水帯のメカニズムを解き明かしたいと思います。

メソスケール現象を考える際、水平スケール*と時間スケール*の概念が重要になります（3章参照）。1個の積乱雲は、数km〜10kmの水平スケールを有し、寿命は1時間程度で、メソγスケール*に相当します。積乱雲群は、100km程度の水平スケールと数時間〜10時間程度の時間スケール有する、メソβスケール*です。積乱雲群を生み出すメソ低気圧*は、数百km〜1000kmの水平スケール、数日の寿命を有する、メソαスケール*です。線状降水帯、つまり積乱雲群は、メソβスケールの大気現象であり、天気図には現れない中小規模の現象です。全体像は気象衛星から、内部構造は気象レーダーによって捉えられます。

＊水平スケール
積乱雲の直径あるいは積乱雲群をひとつのシステムと捉えた場合の大きさ。

＊時間スケール
積乱雲あるいはシステムの寿命。

＊メソβスケール
雷雨や集中豪雨のスケール。

＊メソ低気圧
天気図に描けないような小さな低気圧。

＊メソαスケール
メソ低気圧や台風。

線状（ライン状）と帯状（バンド状）

気象学ではしばしば、衛星からみた雲、気象レーダーで観測されたレーダーエコー、肉眼で観た雲が列をなすことがあり、線状（ライン状）、あるいは帯状（バンド状）と形容されます。ある規則性を持って雲が並んだ場合、専門用語で「組織化」とよびます。特に、組織化された積乱雲は、固有のメカニズムを持ち、結果として特徴的な形状を有するようになります。そのため、組織化された積乱雲はしばしば、豪雨、竜巻やダウンバーストなどによる突風、落雷の集中などの極端気象を伴い、甚大な災害に結び付くことが多いため注目されます。線状と帯状の違いは太さ（幅）の違いであることは容易に想像できますが、衛星画像で1本の線（ライン）

成
雲がずっと並んでいて
同じ場所で降り続けてるよ……。

であっても、レーダーで観測すると数10㎞の幅を有する帯（バンド）であったりするように、観る眼によって、線と帯の形容詞も異なってきます。このように、線状と帯状の区別というのは、極めて主観的といっても過言ではありません。

ひとつの目安として、具体的なレーダーエコーで考えてみましょう（図1・1）。冬季季節風卓越時に日本海上で形成された筋状雲（2章参照）を気象レーダーで観測したものです。図中のカラースケールは、レーダー反射強度を示しており、水色から、青色、黄色、赤色の順に強くなります。言い換えると、降水強度を表しています。上図では、3本の線状（ライン）エコー*が確認できます。強エコー（赤色）に注目すると、一番上のラインが最も発達していることがわかります。一方、一番下のラインは、発生間もない弱いセル（個々の積乱雲）が並んで構成されています。このパターンが数時間後に、下図のような発達した帯状（バンド）エコー*に変化しました。幅数㎞のラインエコーが幅10㎞程度のバンドエコーに変化したわけですが、これをラインエコーの併合とよんでいます。バンドエコーの内部は、強エコー（赤）が幅数㎞で分布しており、強い降水が観測されます。実際、地上では数時間にわたって暴風雪が続きました。このように、レーダー気象学の分野では、ラインエコーは幅数㎞*、バンドエコーは幅10㎞以上と区別されます。

線状降水帯の定義

線状降水帯の定性的な定義は、「積乱雲が次々と発生して列をなした、組織化さ

＊線状エコーと帯状エコー
気象レーダーで列状に並んだ積乱雲群を観測すると、帯状のエコーの中に強エコーコアが並んだ状態となることから、帯状エコーとよばれた。英語ではバンドエコー（band echo）といわれ、レインバンド（rainband）という言葉も生まれた。帯状エコーは、雨だけではないので、一般には降水バンド（precipitation band）とよばれている。帯状エコーの長さは、数十㎞から数百㎞、時として1000㎞を超えることもある。エコーの幅は、数㎞から100㎞を超えることもある。帯状エコーのうち、幅数㎞の非常に細いエコーを、線状エコー（line echo）とよぶようになった。

＊幅数㎞
1個の積乱雲エコーの幅に相当。

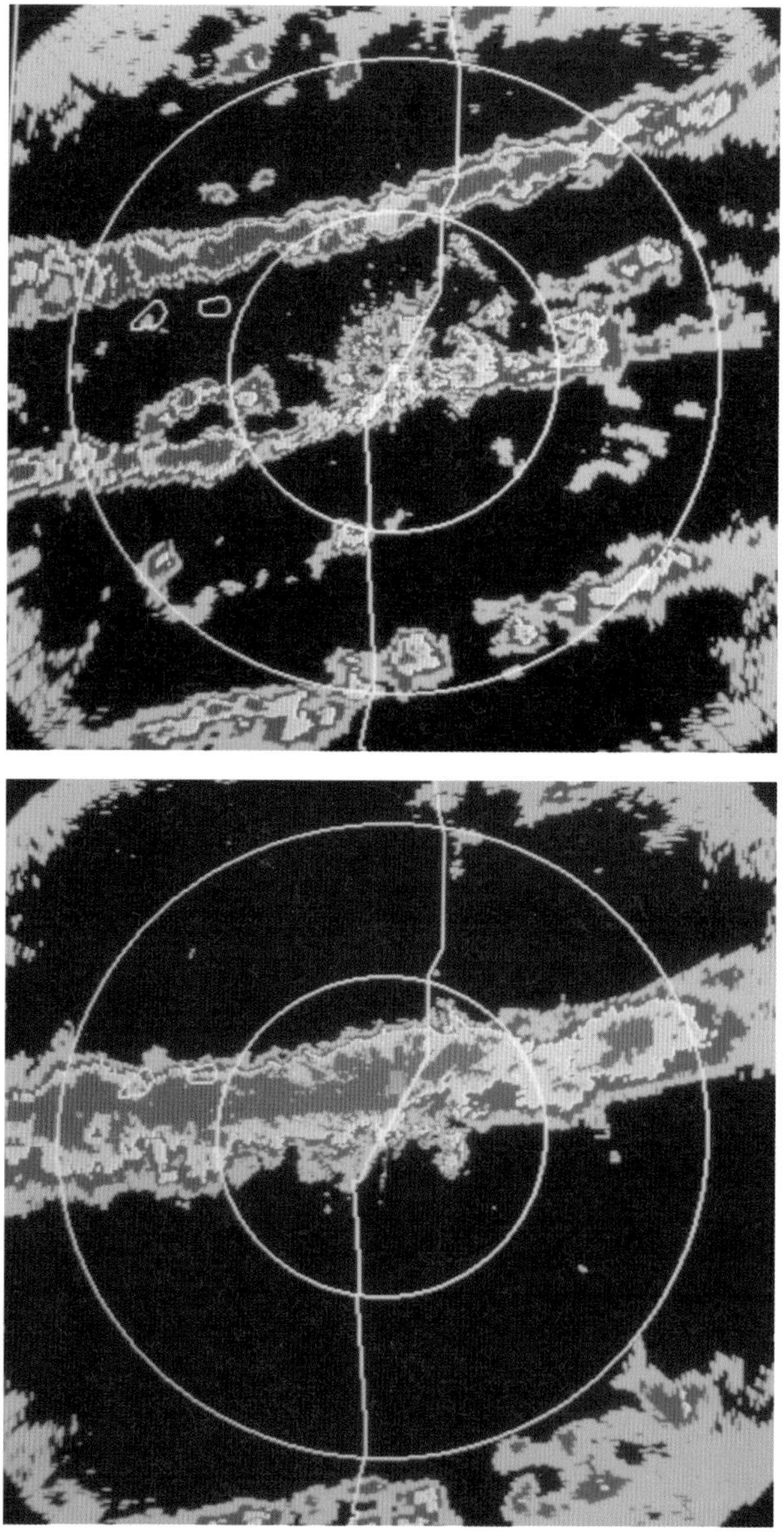

図1.1　ラインエコー（上）とバンドエコー（下）
レーダーレンジは20㎞と40㎞を表す。

れた積乱雲群。数時間にわたってほぼ同じ位置に停滞あるいは通過することにより形成される、長さ50～300km程度、幅20～50km程度の線状に伸びた強い降水域」とされています。つまり、複数の積乱雲が一直線に並んだ状態と言い換えられます。このような、線状の構造は、さまざまな大気現象に伴って形成されます。寒冷前線や台風のアウターレインバンド、スコールライン、組織化されたマルチセル、寒気吹き出し時の筋状雲など枚挙にいとまがありません。

一方、現在気象庁が線状降水帯に関する情報を発表する際の定量的な定義（判定基準）は次のように定められています。

①　前3時間の積算降水量（5kmメッシュ解析雨量）が100mm以上の分布域面積が500km²以上

②　この降水分布域の形状が線状（長軸・短軸比が2・5以上）

③　この降水分布域領域内の前3時間積算降水量最大値が150mm以上

④　この降水分布領域内の土砂キキクル（大雨警報の危険度分布）において土砂災害警戒情報の基準を実況で超過（かつ大雨特別警報の土壌雨量指数基準値への到達割合8割以上）又は洪水キキクル（洪水警報の危険度分布）において警戒基準を大きく超過した基準を実況で超過

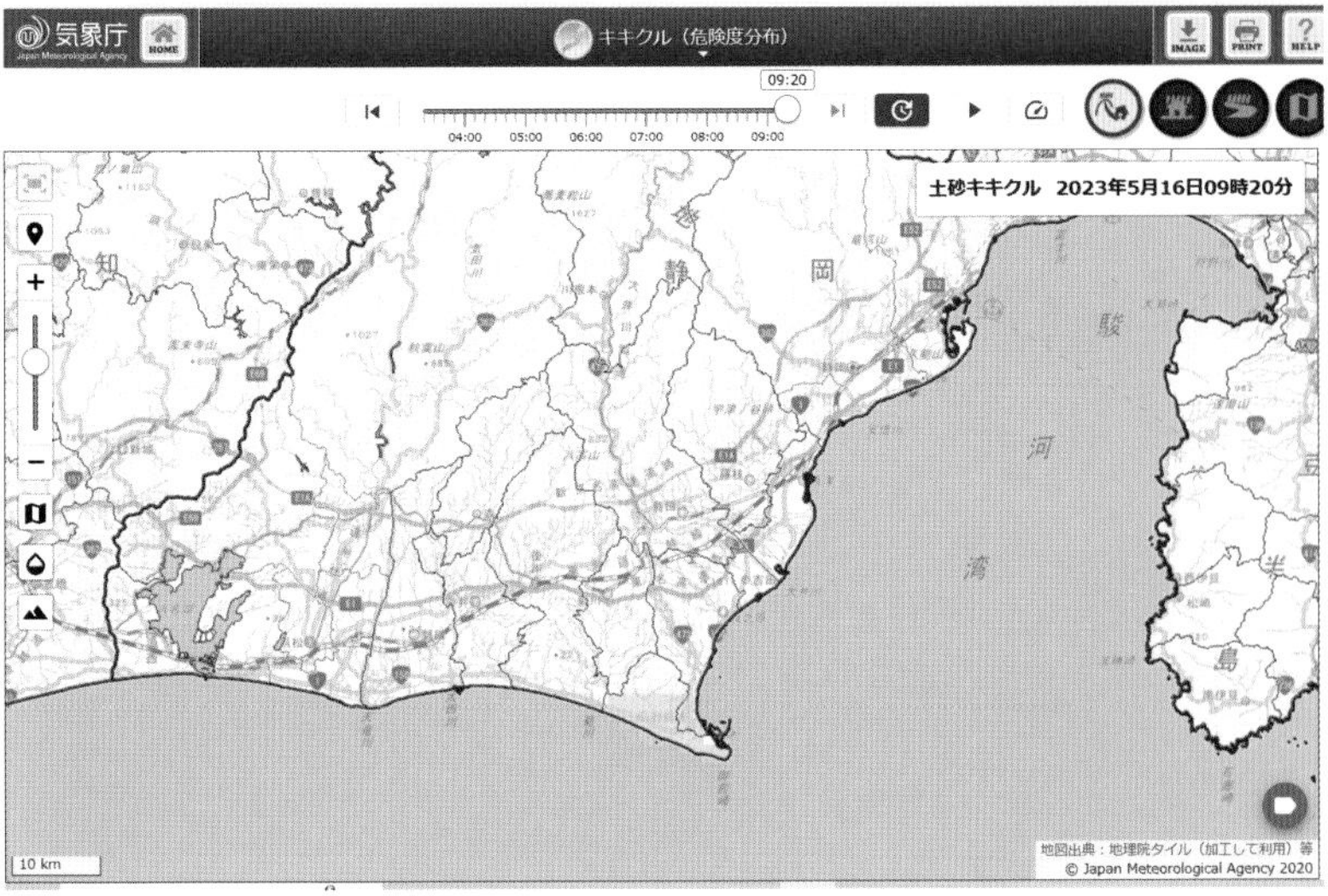

気象庁「キキクル」のサイト画面（気象庁）

これら4つの基準をすべて満たした場合に線状降水帯情報が発表され、情報が発表されてから3時間以上経過後に基準を満たしている場合は再発表されます。また、3時間以内でも対象区域に変化があった場合は再発表されます。

こうしてみると、厳格な判定基準が定められていることがわかりますが、用いられているのは気象レーダーで観測される降水域や地上雨量等のデータであり、あくまで雲が発達して降らせた結果の雨分布なのです。発生過程やメカニズムについては言及されていません。新しい用語である線状降水帯は一体どのような現象を指すのか、メカニズムの詳細は3章で考えましょう。

1.2 線状降水帯の歴史

線状降水帯という用語は、集中豪雨発生時にしばしば確認される、「線状の降水域」から派生した言葉であり、気象学の専門的な用語として捉えられています。この言葉の起源を遡るのは難しいですが、「平成24年7月九州北部豪雨*」、「平成25年7月山口・島根豪雨*」、「平成25年8月秋田・岩手豪雨*」あたりから専門家の間で用いられるようになり、2014年8月の広島豪雨（1・3節参照）をきっかけに新聞やテレビなどでも頻繁に使われ始めたといえます。その後、2022年に気象庁が情報を発表するようになって、一気に一般市民に浸透していったわけです。このような経緯をみると、線状降水帯という言葉は、最初気象の専門家が使っていたものが、次第に一般社会に広がっていったと考えられます。逆のパターンもあります。集中

＊平成24年7月九州北部豪雨
2012年7月11日から14日にかけて熊本県と大分県西部で発生した集中豪雨。梅雨前線の南側に位置する九州北部に東シナ海から暖湿気が流れ込み積乱雲が次々と発生し、熊本県阿蘇市では816・5㎜を記録した。

＊平成25年7月山口・島根豪雨
2013年7月28日に山口県と島根県の県境で降った豪雨。山口市で143㎜/h、島根県津和野町で24時間降水量381㎜を記録した。

＊平成25年8月秋田・岩手豪雨
2013年8月9日の午前に秋田県で、午後岩手県で降った記録的な豪雨。秋田県鹿角で日降水量293㎜を記録したほか、各地で8月の月降水量を上回る雨量が観測された。

豪雨という用語は、もともとはマスコミで使われ始めた用語でしたが、その後専門家が論文で用いる専門用語になりました。ちなみに、ゲリラ豪雨（あるいはゲリラ雷雨）という用語は、マスコミ用語であり、未だ気象の専門用語とはいえません。

昔（概ね１９８０年代）から、顕著な大気現象に伴う線状の降水帯（雲）の存在は知られていました。鹿児島県出水《いずみ》市はその名前のとおり、昔から梅雨期の集中豪雨にたびたび見舞われていて、気象レーダーでの観測が進むようになると、出水市の風上に当たる甑島《こしき》付近から東西に伸びる雨雲の列、レーダーで観ると線状エコーが形成されることもあり、「甑島ライン」とよばれてきました。

テーパリングクラウド（tapering cloud）

線状降水帯という用語ができる前、線状降水帯と同様の現象は気象学上どのようによばれていたのでしょうか。その歴史を振り返りましょう。そのひとつに、テーパリングクラウド（tapering cloud）があります。「Taperとは「先の尖った」という意味で、テーパリングクラウドは気象学の専門用語です。うまい訳語がなかったため、わが国では「にんじん状の雲」などとよばれてきました。気象衛星画像から逆三角形の形状が確認できたため、毛筆やにんじんに例えられたのです。先細りの雲が出来上がる原因は、ある1点から積乱雲が発生し続けて、風下に広がることで、先端が極めてシャープになり、その風下側で広がる構造が形成されます。その結果、線状の雨域、線状のエコーが形成されやすく、雲システムが停滞するため、局地的

ゲリラ豪雨

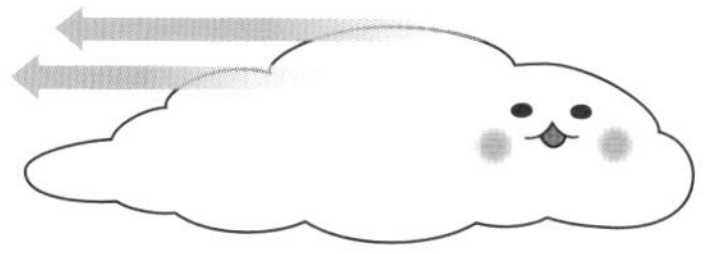

先が細くとんがった雲をテーパリングクラウドというよ。
流されずに風下の方へ雲が伸びていくから
半日以上同じ場所に雨をもたらすことがあるよ。

な豪雨に結び付くのです。つまり、テーパリングクラウドは衛星からみた形状であり、その中身はレーダーで観ると、まさに線状降水帯といえるのです。ただし、厳密な意味での線状降水帯と一致するかというと、微妙な違いも存在します（3章参照）。

テーパリングクラウドの形成には、下層で暖湿気の移流*と収束*が必要であり、上空には相対的に乾いた西風（偏西風）の存在が必要になります。このような環境場は、梅雨前線の南側など特定の場所で発生する傾向にあります。雲の発生場所である尖った先端では、新しい積乱雲が次々と発生し風下に流されるため、積乱雲が発達することで幅が広がっていきます。後述しますが、このメカニズムはバックビルディング*とよばれ、線状降水帯と一致します。通常は、雲の湧く場所は1か所で固定されるため、テーパリングクラウドは動きませんが、上空の風に沿って風下にテーパリングクラウドが移動したり、風上側に向かって雲の湧

＊移流（advection）
一般に、流体が移動することをいう。大気の場合、移流により気温、水蒸気量などが変化する。

＊収束（convergence）
気流が1点に集まること。反対に気流が1点から広がることを発散（divergence）という。

＊バックビルディング（back building）
進行方向後方で次々と積乱雲が林立することから命名された。対語は、forward buildingとなり、進行方向前方（風下）に新しいセルを生成するマルチセルであるが、この用語は一般化していない。詳細は3章参照。

く先端の位置が移動したりすることもあります。つまり、地形性の対流がトリガーとなって形成される場合は、停滞することが多く、線状降水帯（狭義）とテーパリングクラウドは100％発生メカニズムが合致します。

テーパリングクラウドの持続時間は、半日から1日程度であり、その間同じ場所で豪雨が続くわけですから、結果として記録的な雨量に達し、甚大な災害にいたるのです。テーパリングクラウドは、激しい降水や落雷、突風を伴うことが多く、その存在に注意されてきた歴史がありますので、振り返ってみましょう。

1982年7月に九州を襲った大雨は、長崎で日雨量が400㎜を超え、300名近い死者が生じたことから「長崎大水害」とよばれています。今から40年以上前になりますが、死者数とともに、観光で有名なメガネ橋が流されるなどこれまでの生活が一変した点で〝記憶に残る豪雨災害〟といえます。3日間におよぶ九州地方の豪雨は、しとしと降り*の長雨ではなく、梅雨前線帯で生じた複数のクラウドクラスター*によってもたらされました。真っ白い円形の雲の塊（クラスター）の直径は数百㎞にまで発達しましたが、最初は点のように小さな1個の積乱雲から始まります。クラスターの寿命は数時間から半日程度であり、梅雨前線に沿って東へ進むため、前線が停滞した地域では、複数のクラスターが次々に上陸し、雨量が増大しました。温暖化によって短時間の豪雨が増加することを裏付けるがごとく、現在も極端気象による激甚災害が相次ぎ、被災者が数十人から100人を超えるような災害が珍しくなくなっているのは皮肉なものです。

長崎大水害の記

***しとしと降り**
乱層雲からの一様な地雨。

***クラウドクラスター（cloud cluster）**
一般に積乱雲の集合体である巨大な雲塊を指す。気象衛星から積乱雲（群）をみると、大きなひとつの塊として捉えられるのでこうよばれる。

２０００年代にわが国を襲った有名な豪雨時のひまわり画像を示します（図１・２）。ひとつは、「東海豪雨*」、もうひとつは、「平成16年7月新潟・福島豪雨*」です。東海豪雨時は、本州に横たわる秋雨前線に向かって九州の南方に存在した台風からの南風が東海地方に流れ込み、南北に連なる積乱雲の列が衛星画像から確認することができます。この雲バンドが停滞することで、同じ場所に次々と積乱雲が上陸して記録的な豪雨に至りました。新潟・福島豪雨時は、湿舌《しつぜつ》とよばれる、暖かく湿った空気塊が、太平洋から、日本海に入り込み、日本海上を起点に、梅雨前線に沿ってテーパリングクラウドが形成されたことがわかります。まさに、先細りの「にんじん状」であり、典型的な事例といえます。梅雨前線の南下に伴い、5日後の7月18日には、福井県が豪雨に見舞われます。梅雨前線に伴う豪雨は九州が中心と思われがちですが、前線が北上して環境条件が整えば、北陸や東北の日本海側でも記録的豪雨が発生することが明らかになりました。

1.3 顕著な事例

２０００年代に入って、毎年のように線状降水帯による豪雨災害が続きました。ここでは、最近の甚大な被害をもたらした線状降水帯の事例をおさらいしましょう。

広島市の土砂災害

２０１４年８月19日の夜半から20日未明に広島市北部の住宅地を襲った集中豪雨

＊東海豪雨
２０００年９月11日に東海地方を襲った豪雨は、それまでの名古屋市における観測値をはるかに超える雨量を観測し、甚大な被害が生じた。当日は、秋雨前線が停滞するなか台風14号が北上し、〝台風が前線を刺激する〟という典型的な気圧配置であり、東海地方には、台風のアウターレインバンドで発生した積乱雲が次々と南から北へと移動した。名古屋市では、９月11日に降り始めた雨は、午後にかけて強まり、19時から20時までの1時間に93㎜という短時間豪雨を記録し、その後も時間雨量で40㎜から70㎜の豪雨が続いた。12日午前までに総雨量で５６７㎜を記録し、明治24年からの日降雨量の記録２１８㎜（平成３年）という統計上の記録の約２倍の雨が降り、〝想定外〟の記録となった。

＊平成16年７月新潟・福島豪雨
２００４年７月12日の夜から、新潟県中越地方、福島県会津地方を中心に、激しい雨が降り続き、総雨量は４００㎜を超す記録的な雨量となった。栃尾市で４２２㎜を記録するなど、各地でこれまでの雨量を更新する値が観測され、新潟県と福島県で、死者16名、建物被害は全壊70棟、半壊５０００棟以上、床上浸水２０００棟以上、床下浸水６０００棟以上に達し、激甚災害に指定された。

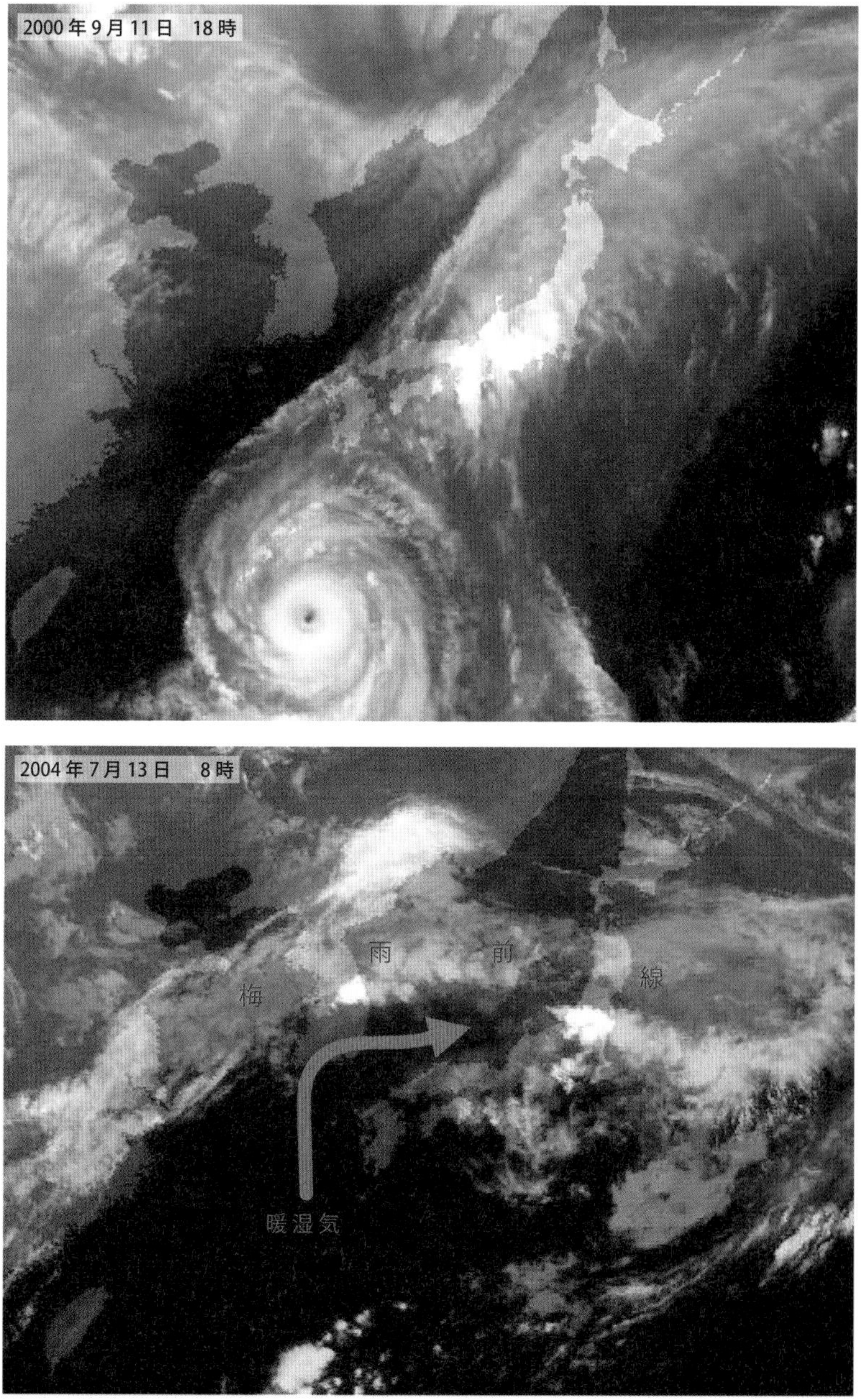

図1.2　東海豪雨（上）と新潟・福島豪雨（下）の衛星画像

により、市内安佐《あさ》北区、安佐南区の住宅地で大規模な土砂災害が発生しました。3時間雨量で２００㎜を超える記録的な短時間豪雨が午前1時30分頃から午前4時という住民が寝静まった時間帯に発生したことから、避難や行政の対応が非常に難しく、人的被害が拡大しました。広島市北部の山地で発生した雨雲が組織化し、線状降水帯として停滞した結果、豪雨が山の斜面を直撃し、その斜面を造成して開発された新興住宅地が被害に遭いました。

当日のひまわり画像には、この豪雨をもたらした雲がしっかりと映っていました（図１・３）。２０１４年8月20日03時の赤外画像（上図）をみると、広島上空に円形の雲の塊（クラウドクラスター）が存在し、豪雨の最盛期にはひとつの積乱雲群システムが出来上がっていたことがわかります。また、水蒸気画像（下図）をみると、梅雨前線帯とその北側で明瞭な水蒸気コントラストが確認でき、梅雨前線帯には多量の水蒸気が存在していたことがわかります。さらに、台湾海峡から東シナ海にかけて、南西から北東方向に複数のクラスターが形成されていました。すなわち、海上、陸上に限らず、広範囲にクラスターが分布し、そのうちのいくつかが発達し、巨大なクラウドクラスターに成長し、大雨をもたらしました。

土砂災害は１６６か所で発生し、そのうち土石流は１００か所以上に達しました（土石流１０７か所、がけ崩れ59か所）。この同時多発的に発生した土砂災害により、死者は77人に達し、土砂災害の人的被害数として過去30年で最多を記録しました。＊建物被害は、全壊１３３棟、半壊１２２棟、床上浸水は１３００棟を超えました。

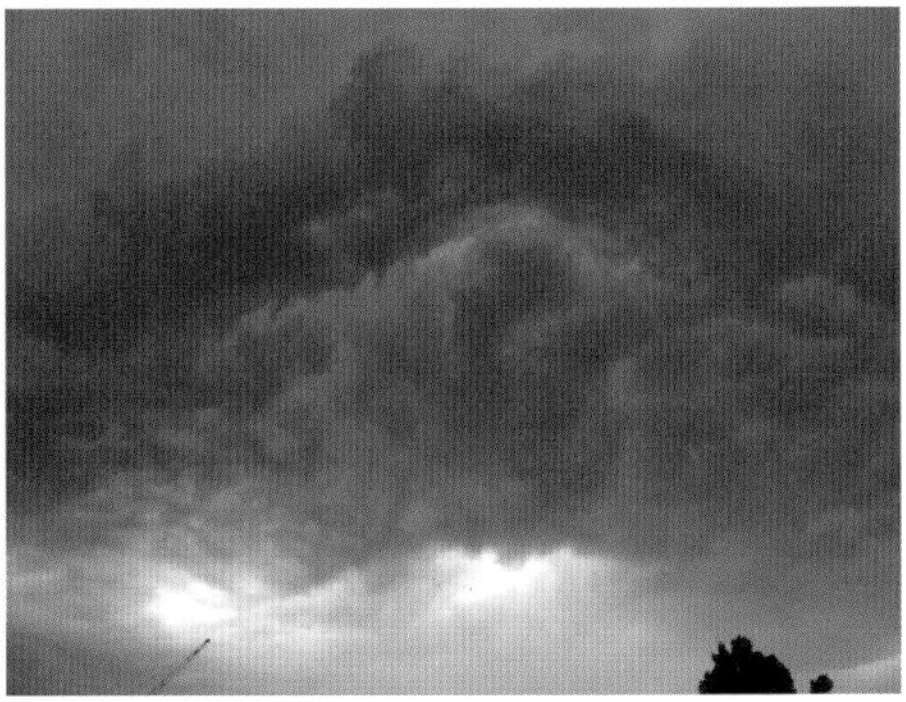

乱層雲

＊過去30年で最多を記録
１９８３年7月の島根県西部の豪雨により87人が死亡・行方不明となった土砂災害「昭和58年7月豪雨」以来の記録となった。

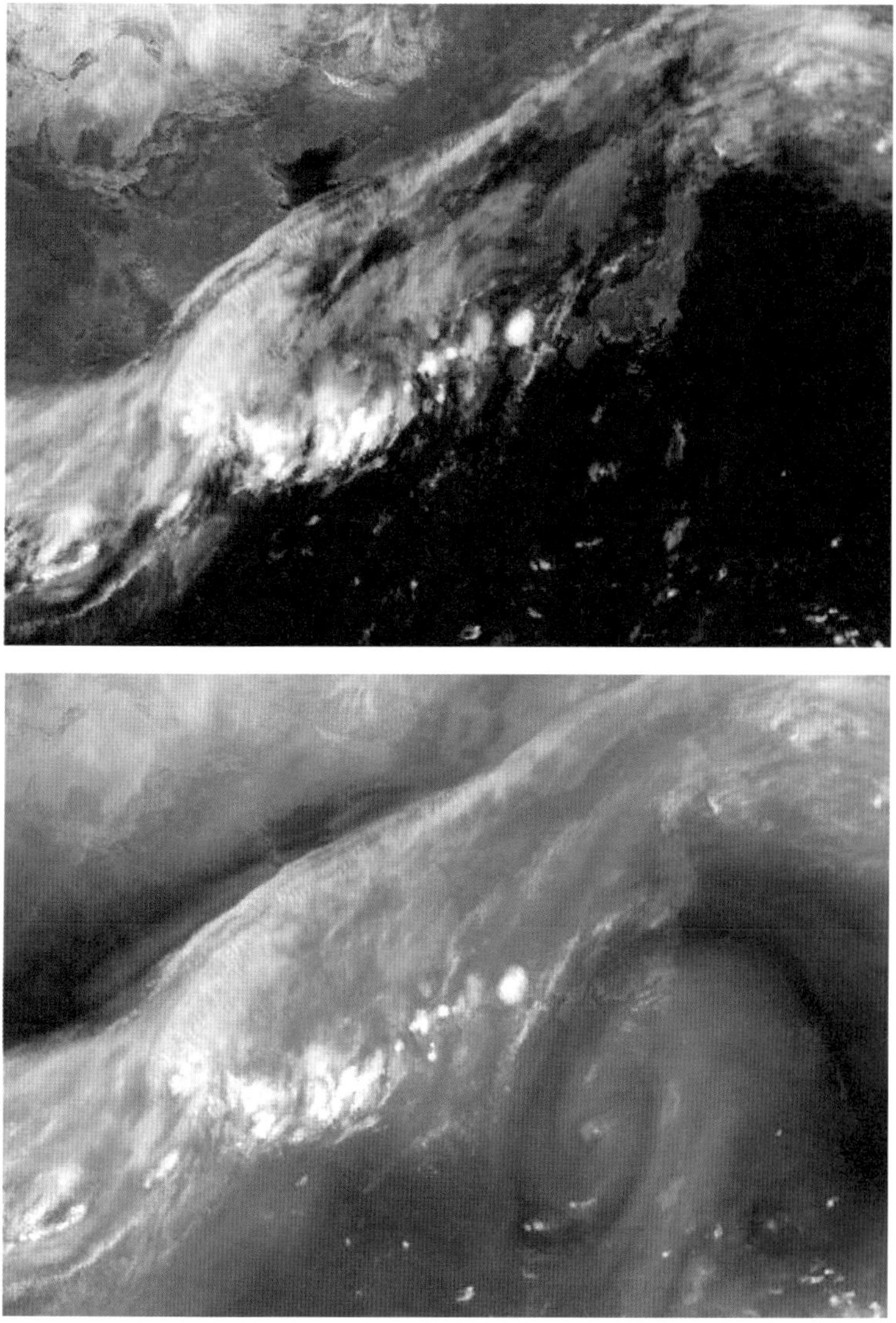

図1.3　2014年８月20日３時のひまわり赤外画像（上図）と水蒸気画像（下図）

わが国で発生する豪雨被害は、河川の氾濫や谷沿いに生じる土石流（鉄砲水）が甚大な被害に直結するものと理解されてきましたが、山の斜面に開発された住宅街が記録的な豪雨とはいえ、いとも簡単に流されてしまう映像は大変ショッキングであり、社会的に大きなインパクトを与えた新しい災害といえます。日本中に同じような条件の住宅地は数えきれないほどあるので、この事例をきっかけに、斜面地に開発された新興住宅が持つ潜在的な危険性が顕在化され、「都市型土砂災害」という言葉も生まれました。

広島市に限れば、もともと地理学的には7本の川を有して形成された扇状地*に発展してきた政令指定都市です。温暖な瀬戸内気候ですが、しばしば台風や停滞前線（梅雨前線や秋雨前線）に伴う豪雨が発生し、山地や河川沿いに被害が繰り返されてきました。比較的気候が安定していた昭和の高度成長期に開発された新興住宅地は、近年の極端気象によって大きな災害へとつながっているという現実があるのです。

*扇状地
山地を流れる河川が運搬した砂礫（されき）が、堆積した地形であり、河川が山地から平野に移る谷口を頂点に扇状に形成される。

関東・東北豪雨

２０１５年９月９日から11日にかけて、関東から東北地方を集中豪雨が襲いました。日本海で温帯低気圧化した台風18号に向かって、太平洋から暖湿気が流れ込み、南北に連なる線状降水帯が形成され、停滞した地域では日雨量３００㎜、総雨量５００㎜を超える雨量が観測されました。台風18号が日本海上で温帯低気圧に変わり、関東は暖湿気の移流が活発になり、加えて日本の東の海上に存在した台風17号から吹き込む風がぶつかったため、三浦半島から東京湾、関東平野にかけて南北に連なる積乱雲（雨雲）が形成されました。東海豪雨と同じようなパターンです。

　雨雲は三浦半島の南方で、背の低い積乱雲が次々と形成され、強い南風で北に移動しながら発達し、結果として積乱雲の列が形成されていきました。ひまわり水蒸気画像をみると、台風18号に流れ込む水蒸気が南北に存在し、まさに川のようにみえます（図１・４）。東に存在した台風17号によって収束が強まり、高水蒸気帯が明瞭になったといえます。水蒸気帯の中には、白くみえる発達した積乱雲が南北に並んでいるのが確認できます。この水蒸気帯は約１日存在した結果、陸上では狭い範囲で豪雨が降り続いたと考えられます。９月１０日の１２時になると、ようやく海上の水蒸気帯は消え、供給源は断たれたようにみえますが、東日本上空には高水蒸気帯が残っており、豪雨が東北で降り続いていました。温帯低気圧と台風といった、総観スケールの大気擾乱《じょうらん》により形成された風の収束域が、両者が停滞することで長時間維持されたのです。

　９月９日、雲の発生起源といえる三浦半島では50㎜程度の雨量が観測されましたが、積乱雲が北上して山にぶつかった関東北部で雨量が著しく増加しました。日光市で24時間雨量が５００㎜を超えたのをはじめ、栃木県の各地で３００㎜を超える雨量が記録され、９月10日には、栃木県と茨城県に大雨特別警報が発表されました。その後、９月10日から11日にかけて雨域は関東北部から東北に移っていき、11日には宮城県に

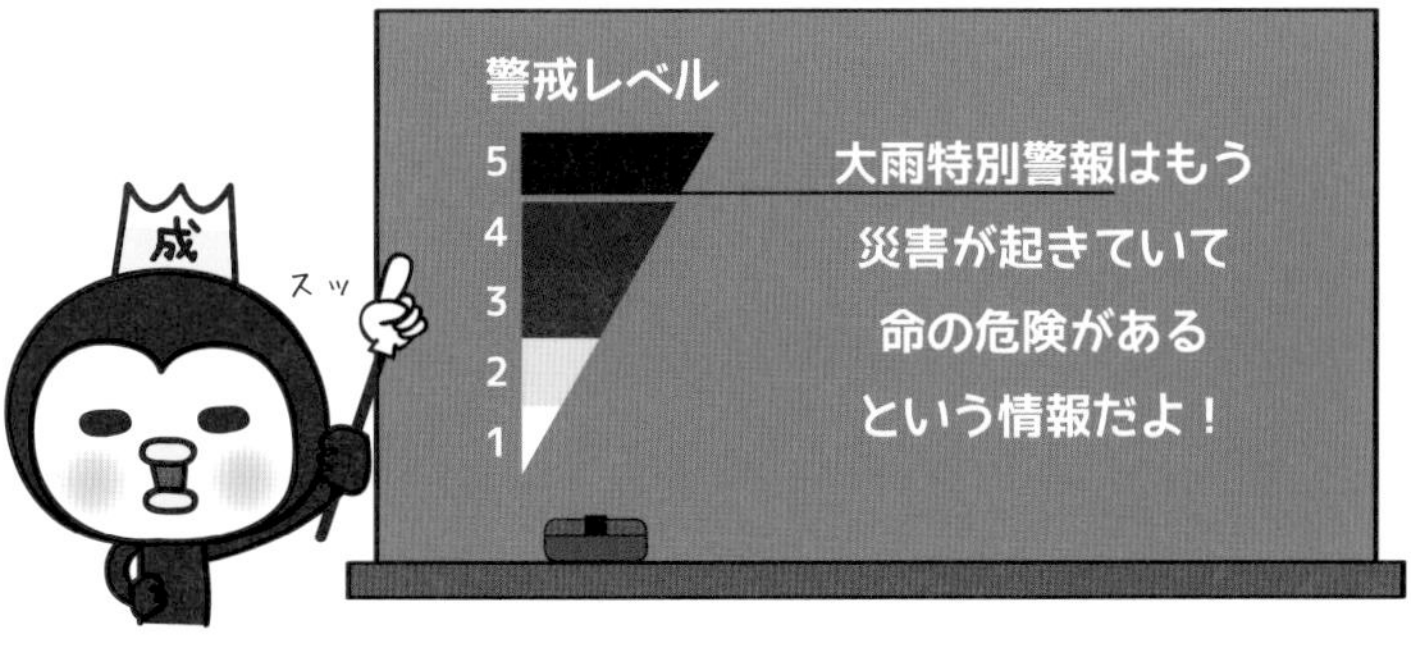
成
スッ
警戒レベル
5
4
3
2
1
大雨特別警報はもう
災害が起きていて
命の危険がある
という情報だよ！

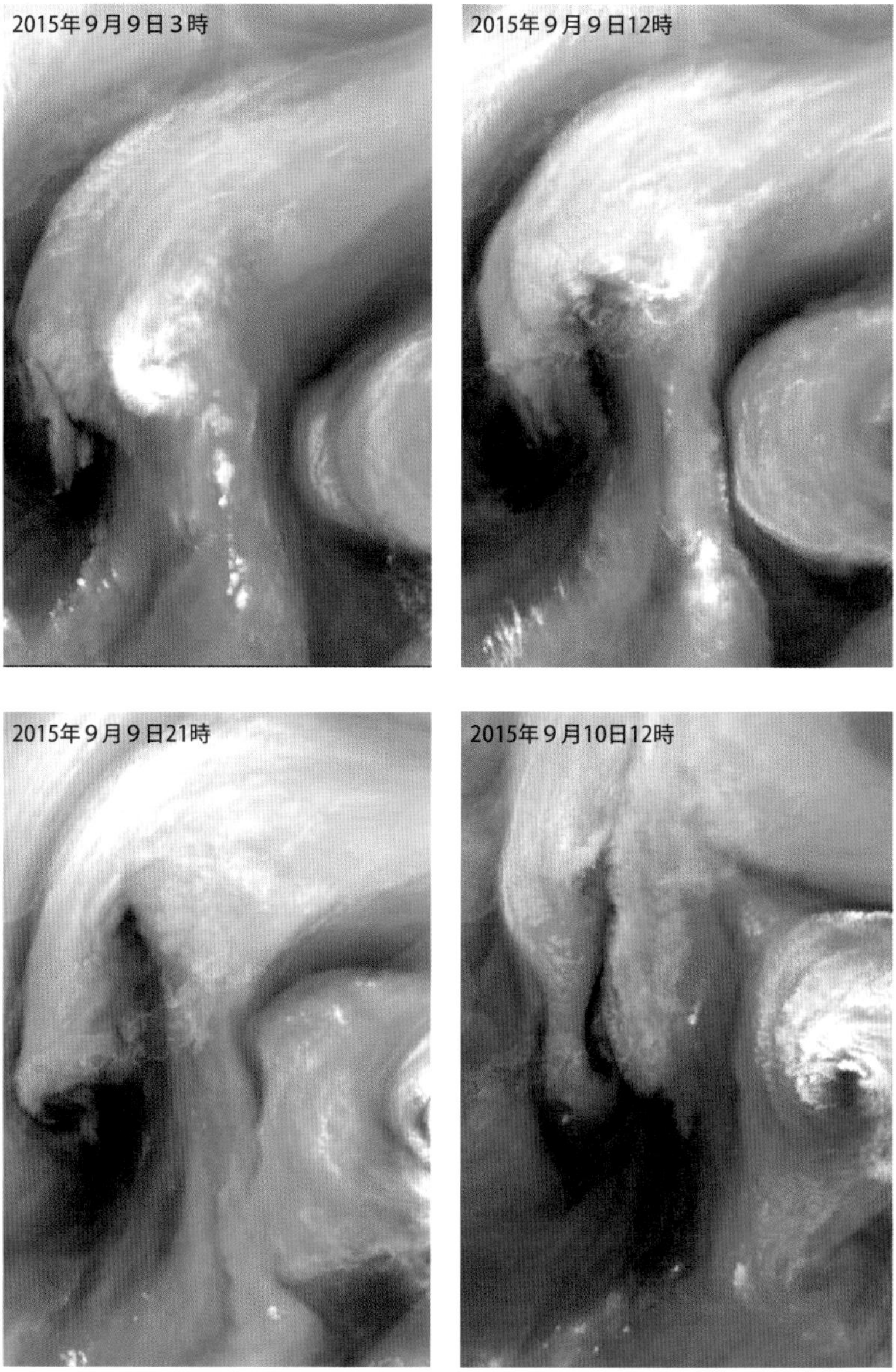

図1.4　2015年９月９日３時から10日12時までのひまわり水蒸気画像の時間変化

大雨特別警報が発表されました。総降水量は栃木県日光市で６４７・５㎜、宮城県丸森町で５３６㎜に達するなど、9月の平均降水量の2倍を超える豪雨になりました。被害は、死者20人、住宅の全壊81棟、半壊７０９０棟、一部損壊３８４棟、床上浸水２５２３棟、床下浸水1万３２５９棟におよび、激甚災害に指定されました。国（管理）の5河川と都道府県管理の80河川で堤防の決壊、越水、法面の崩落などが発生しました。特に、茨城県常総市では9月10日早朝から鬼怒川の数か所で越水や堤防からの漏水が始まり、12時すぎには堤防が決壊しました。この様子はリアルタイムのニュースで映像が流され、決壊した堤防からの濁流によって住宅があっという間に流され、間一髪で救助された住民の様子を、多くの方が固唾《かたず》をのんで見守っていました。「平成27年9月関東・東北豪雨」と名付けられ、平成の日本でこのような災害が発生することを、改めて認識したきっかけとなった事例です。

鬼怒川の氾濫で救助に当たる海上保安官

九州北部豪雨

２０１７年7月5日の朝、梅雨前線の南下に伴い、島根県西部で線状降水帯が発生し記録的な降水となりました。午後になると、福岡県筑後地方北部で積乱雲が次々と湧き、東に移動しながら発達を繰り返すことで線状降水帯が停滞しました。６日にかけて、福岡県と大分県を中心に記録的な豪雨となり、福岡県朝倉市では、１２９・５㎜／hを記録し、総雨量は５８６㎜に達しました。死者・行方不明者は41人におよび、河川の氾濫や土砂崩れなどで甚大な被害が生じました。

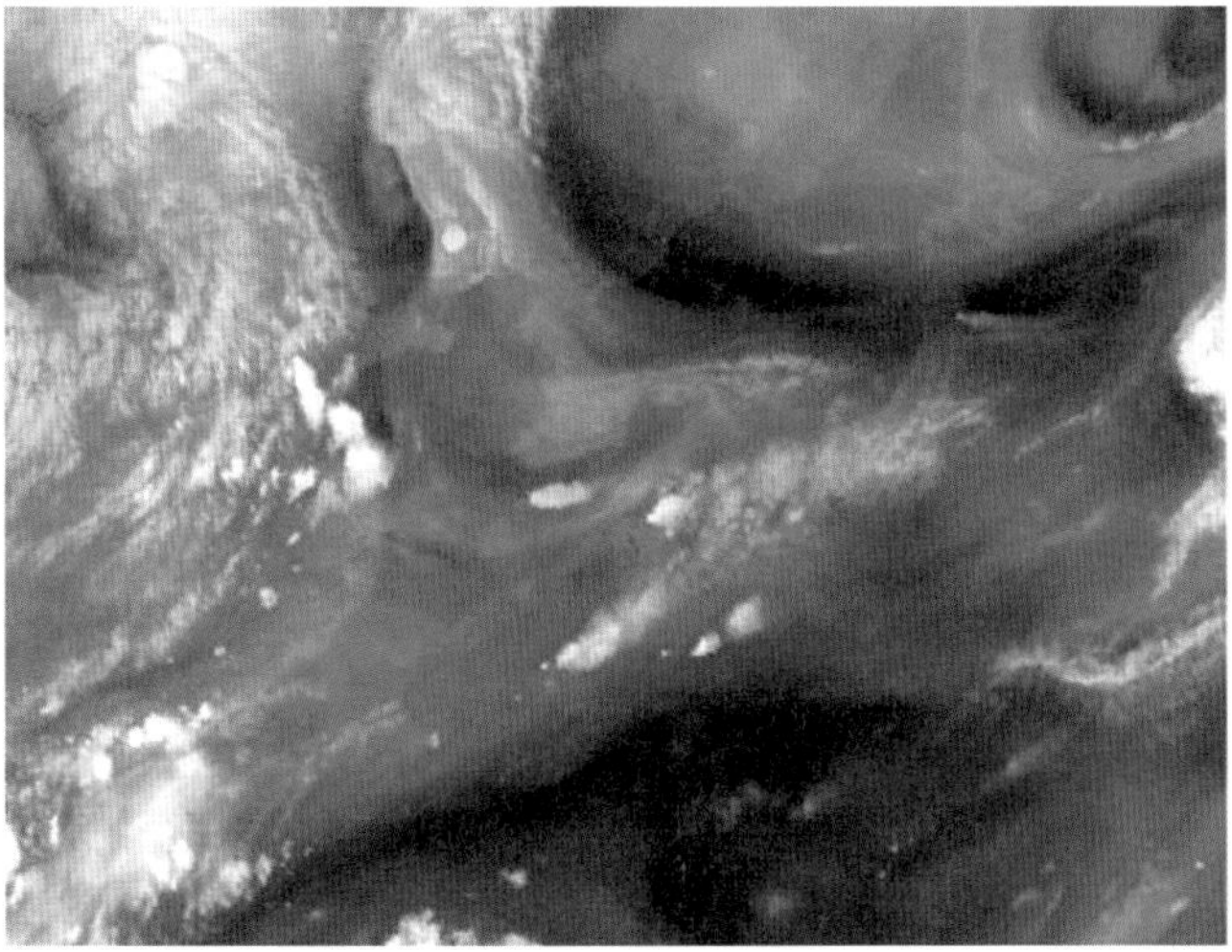

図1.5　2017年7月5日14時のひまわり水蒸気画像

7月5日14時の水蒸気画像（図1・5）をみると、九州北部の1か所で積乱雲が湧き風下（東）に向かって広がっていく様子がわかります。まさに、前述のテーパリングクラウドです。梅雨前線に沿って西から東に水蒸気が輸送され、加えて南の熱帯低気圧から暖湿気が南西から北東方向に移流し、九州北部は両者が合流する場所でした。海上でも同様なテーパリングクラウドが複数確認できます。一方で、上空には相対的に寒気が存在して、大気が非常に不安定であり、そこに地形の影響が加わったのです。福岡県と佐賀県の境界に位置する背振《せふり》山を迂回《うかい》した西風は、東側で合流

乳房雲からの降水

し、山地の斜面で上昇流が形成されることで、特定の場所で積乱雲の発生が継続しました。下層から中層まで西風が吹き、発生した積乱雲が次々と東へ移動する、典型的なバックビルディングのメカニズムにより形成された線状降水帯の事例です。九州北部は、これまでに何回も豪雨災害に見舞われてきましたが、「平成29年7月九州北部豪雨」と名付けられています。

1.4 線状降水帯が生まれる謎

積乱雲は鉛直方向に発達した対流雲であり、夏の入道雲を連想するように、1個、2個と数えられます。大気が不安定になり、積乱雲が発生しやすい環境場が整うと、複数の積乱雲が次々と発生し、近傍の積乱雲はまとまり、ひとかたまりになります。この塊を「クラスター」とよびます。衛星画像をみると、まとまった円形の雲の塊（クラウドクラスター）が確認できます。積乱雲の雲頂部分は、かなとこ雲とよばれる層状に広がった構造を有していて、気象衛星から観ると、四方八方に広がった円形のまとまった塊として認められます。問題は、個々の積乱雲は、気象レーダーによって把握することが可能なので、積乱雲（セル）がどのように分布しているかです。

一般に、このような積乱雲の集まり（積乱雲群）を、マルチセル*（多重セル）とよびます。マルチセルには、不規則なタイプと規則性を有するタイプが存在します。積乱雲は発達すると、自己増殖（子どもの積乱雲を生む）を始めますが、規則性を

かなとこ雲

＊**マルチセル**（**multi-cell**）
多重セルともよばれる。単体の積乱雲がシングルセル（single cell）というのに対して生まれた用語である。対流を上からみると細胞のようにみえるため、気象学では積乱雲を〝セル〟という。シングルセルは単一細胞、マルチセルは多重細胞となる。さらに、単一巨大積乱雲はスーパーセル（supercell）とよばれ、特別な構造を有している。

有するタイプの典型が自己増殖を続け、長続きする積乱雲です。規則性を有したマルチタイプを、「組織化したマルチセル」とよぶことにしましょう。

しばしば組織化したマルチセルは、セル（積乱雲）が1列に並ぶことがあり、気象レーダーでみた場合、バンドエコーとかラインエコーとよばれます。同じバンド（ライン）状のエコーでも、積乱雲セルの発生パターンは多様です。バンド状のエコーは、複数の積乱雲が内在するためマルチセル構造を示し、停滞した場合、結果として1か所に豪雨をもたらします。

次々と発生した積乱雲が列をなすことで組織化された積乱雲群を、一般に線状降水帯とよびます。広義の線状降水帯には、寒冷前線に伴う積乱雲列、スコールライン、マルチセル、バックビルディングなどさまざまな形態が含まれます。当初、バックビルディング型の積乱雲列を線状降水帯とよびました*。ただ、さまざまな環境条件が存在し、積乱雲の構造も多種多様であるので、線状という形態を満たすものを、広く線状降水帯とよぶようになったと考えられます。

寒冷前線上に形成される積乱雲列（Narrow Cold Frontal Rainband）は、前線面に沿ってほぼ同時に形成され、積乱雲列の方向*と周囲の風向*は直交します。スコールラインは、寒冷前線の前方に形成される、メソスケールの積乱雲列であり、その環境場は寒冷前線とほぼ同様といえます。組織化されたマルチセルは、積乱雲列の方向と周囲の風向がズレているのが発達の条件でした。これに対して、狭義の線状降水帯は、「1地点で積乱雲が次々と湧き、風下に移動しながら列をなしてライン（線

*バックビルディング型の積乱雲列は狭義の線状降水帯といえる。

***積乱雲列の方向**
前線の走向と一致。

***周囲の風向**
前線前面では南風、前線後面では北風が卓越する。

状）を形成する」ものといえます。つまり、常に風上側に新しいセルが発生して、周囲の風によって風下側に流されることで、特にレーダーエコーでみて1本のライン（バンド）が形成、維持されるわけです。線状降水帯では、積乱雲列と周囲の風向が一致します。この点が、スコールラインなど他の積乱雲列と大きく異なる点です。線状降水帯は、風上側に新しいセルが発生する積乱雲列ですが、そのメカニズムからバックビルディング型ともよばれます。バックビルディング型エコー内では、ある1点でセルの発生が続きます。発生したセルは風下側に移動して衰弱しますが、新しいセルは風上側で発生するというプロセスを繰り返して、結果として雲全体は停滞して長続きします。その結果、積乱雲の発生地点風下という極めて局所的なエリアで豪雨が続き、災害に直結します。バックビルディング型積乱雲と狭義の線状降水帯は、同じ現象を指しますが、前者はメカニズムを指しているのに対して、後者は形状を指していると考えた方がよいでしょう。

　線状降水帯の形成要因は、①暖湿気の流入、②積乱雲が発生しやすい大気の不安定、③前線や山岳などによる上昇流の形成、④積乱雲を流す上空の一定方向の風の存在が重要と考えられています。さらに、線状降水帯は地形の影響を受けることがあり、⑤地形により降雨が増幅されます。この効果は、山岳性降雨*とよばれ、地形性降雨の一種といえます。線状降水帯の長さは数百㎞程度、幅は数十㎞程度であり、メソスケールの現象です。数時間から数日にわたり停滞することで、結果的に降水域が局所的になり、記録的な豪雨になることが多いといえます。

ゲリラ豪雨の雨柱

＊**山岳性降雨**
山岳域では上空の層状性からの降雨が下層の雨量を増幅させる、〝種まき効果〟により雨量が多くなる。

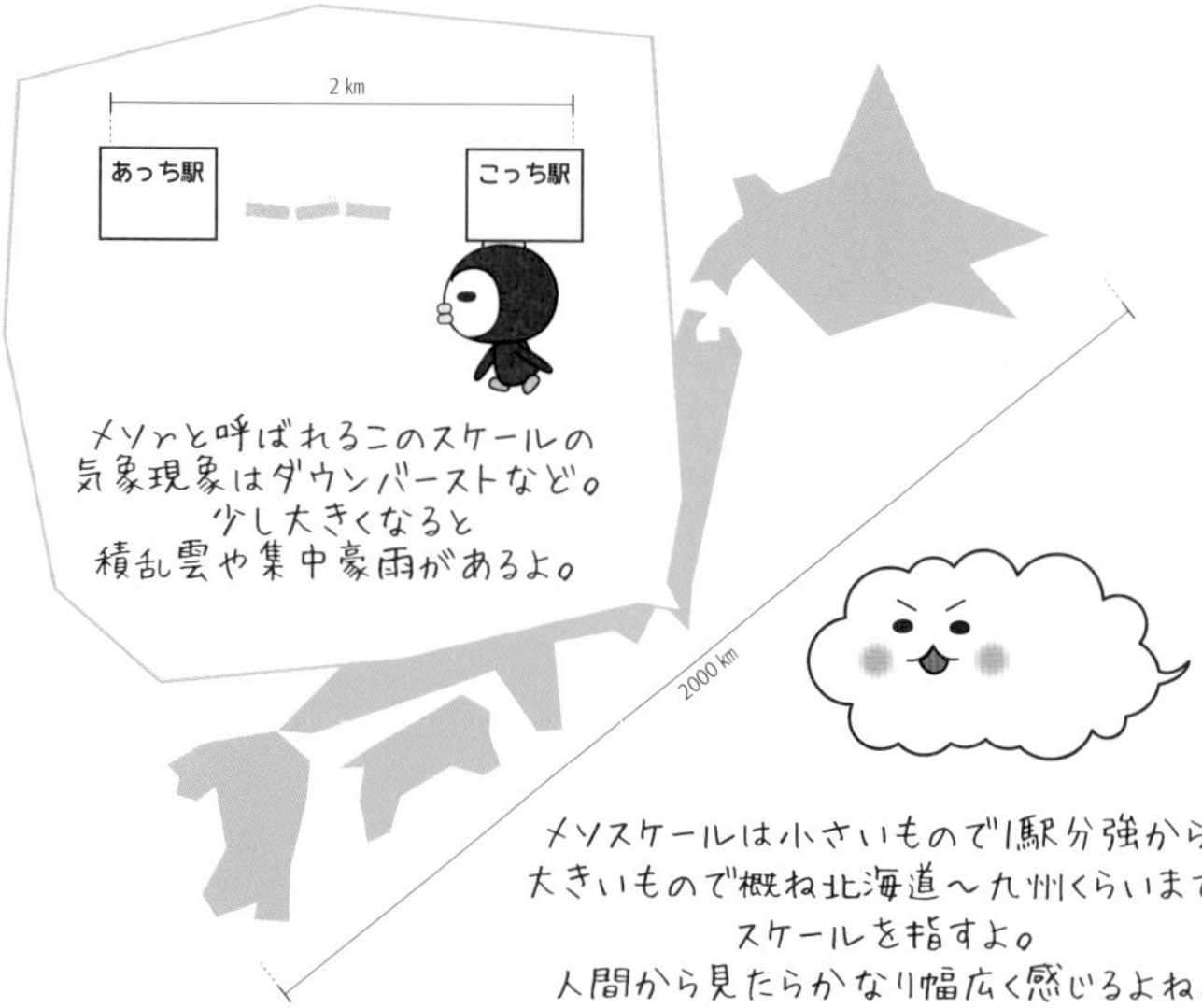
2 km
あっち駅
こっち駅
メソγと呼ばれるこのスケールの
気象現象はダウンバーストなど。
少し大きくなると
積乱雲や集中豪雨があるよ。
2000 km

メソスケールは小さいもので1駅分強から、
大きいもので概ね北海道〜九州くらいまでの
スケールを指すよ。
人間から見たらかなり幅広く感じるよね。
細かく分けると20km以上はメソβスケール、
200km以上はメソαスケールと呼ばれるよ。

線状降水帯発生の環境条件（総観スケール）としては、①、②、④が必要であり、特に④の地上から上空まで風向が同じ点が重要となります。一方、停滞するための条件は、③と⑤のメソスケールの条件が必要となります。線状降水帯のメカニズムについては、3章でくわしくみていきましょう。

1.5 梅雨前線と大気の川

線状降水帯は多くの場合、梅雨前線や秋雨前線といった停滞前線の近くから南側で発生することが共通の特徴といえます。総観スケール（1000㎞）の前線に対して、メソスケール（100㎞）の現象であるがために、リアルタイムでの把握や予測精度の向上に課題が残ります。線状降水帯の環境場として、近年明らかになった構造を紹介しましょう。

水蒸気前線

梅雨前線は、5~7月にアジア東部で形成される、東西に伸びる気圧の谷（トラフ）の領域であり、温度勾配と水蒸気勾配が顕著な前線帯として認識されています。ただ、寒冷前線でみられるような非常にシャープな温度勾配や水蒸気勾配ではなく、比較的緩やかな勾配であるがために、数十~数百㎞の幅を有した、「梅雨前線帯」として理解されています。

近年、梅雨前線のより詳細な観測、解析が進み、下層の収束帯である梅雨前線と

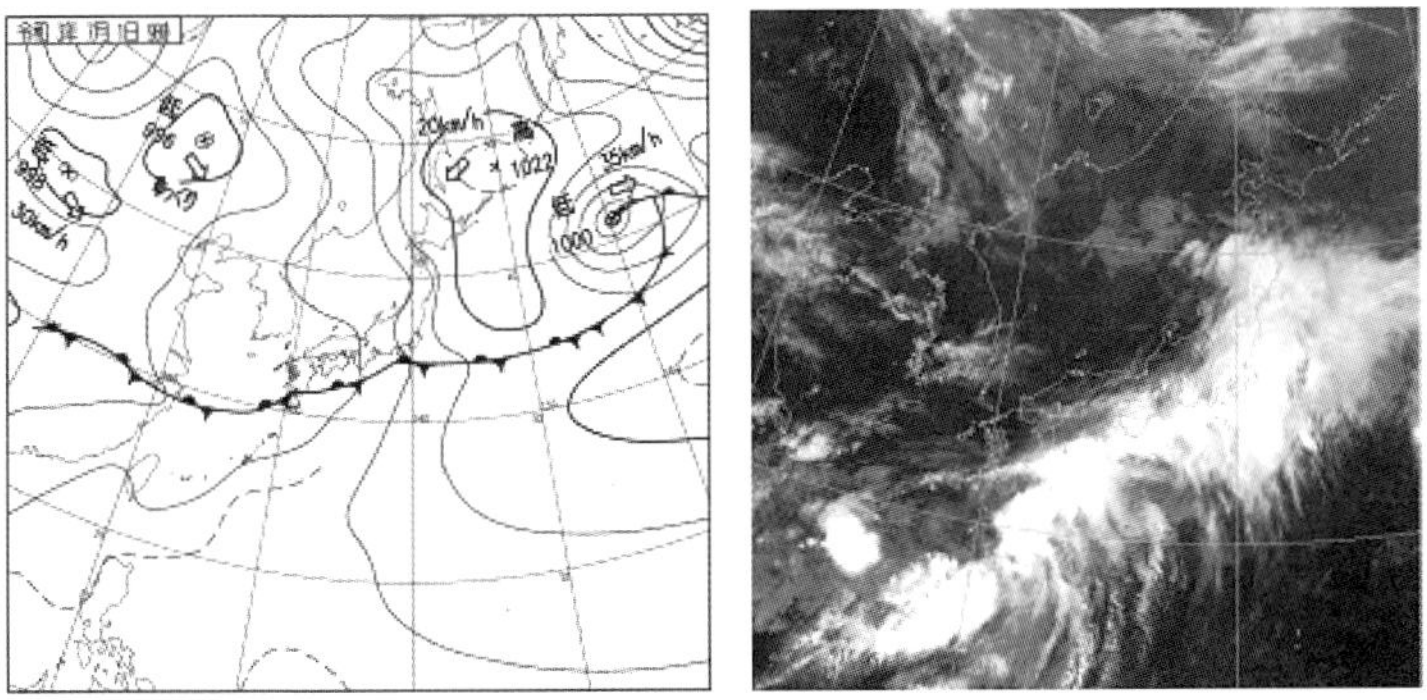

活発化した梅雨前線（気象庁）

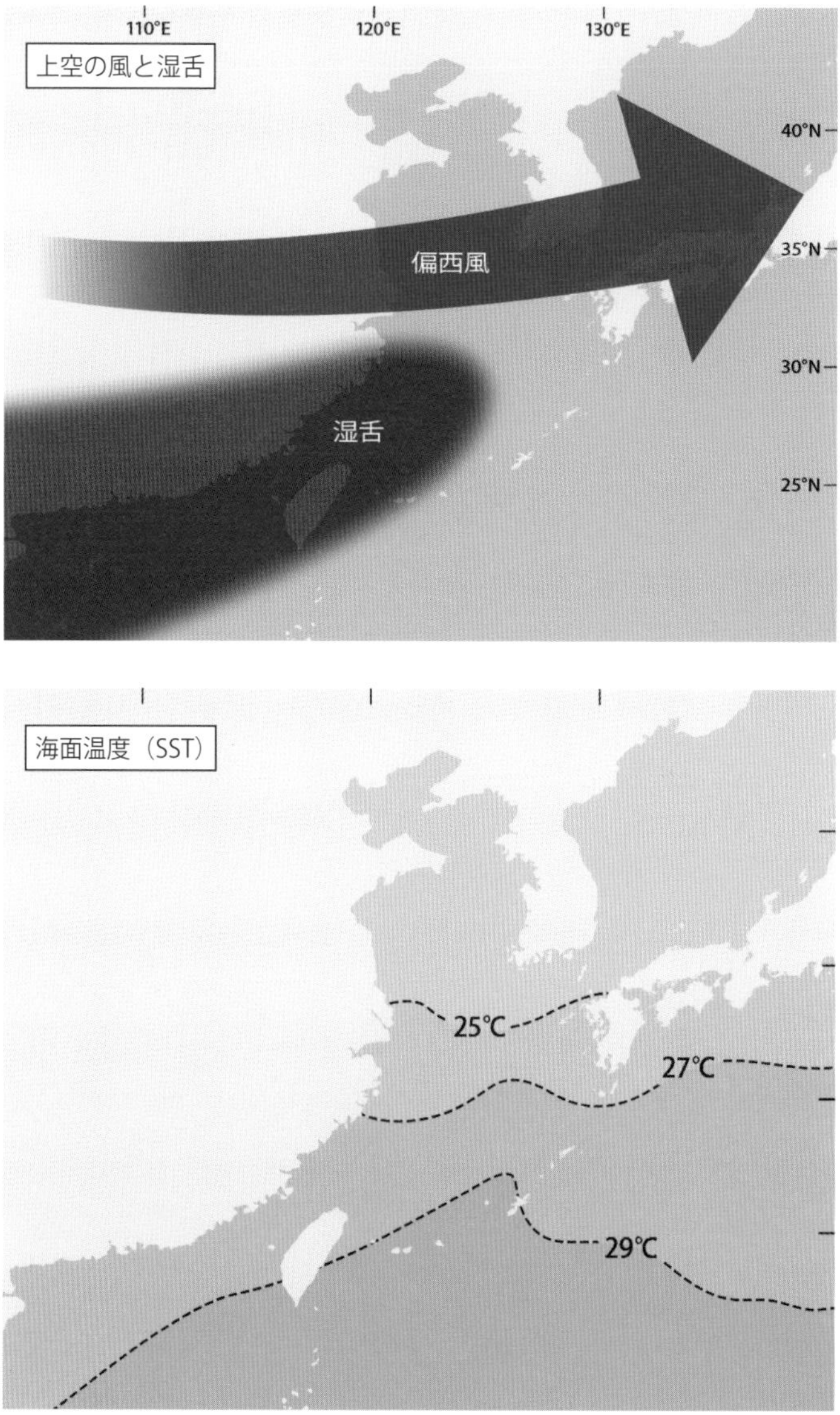
110°E
120°E
130°E
上空の風と湿舌
40°N
35°N
30°N
25°N
偏西風
湿舌
海面温度（SST）
25℃
27℃
29℃

線状降水帯の環境場

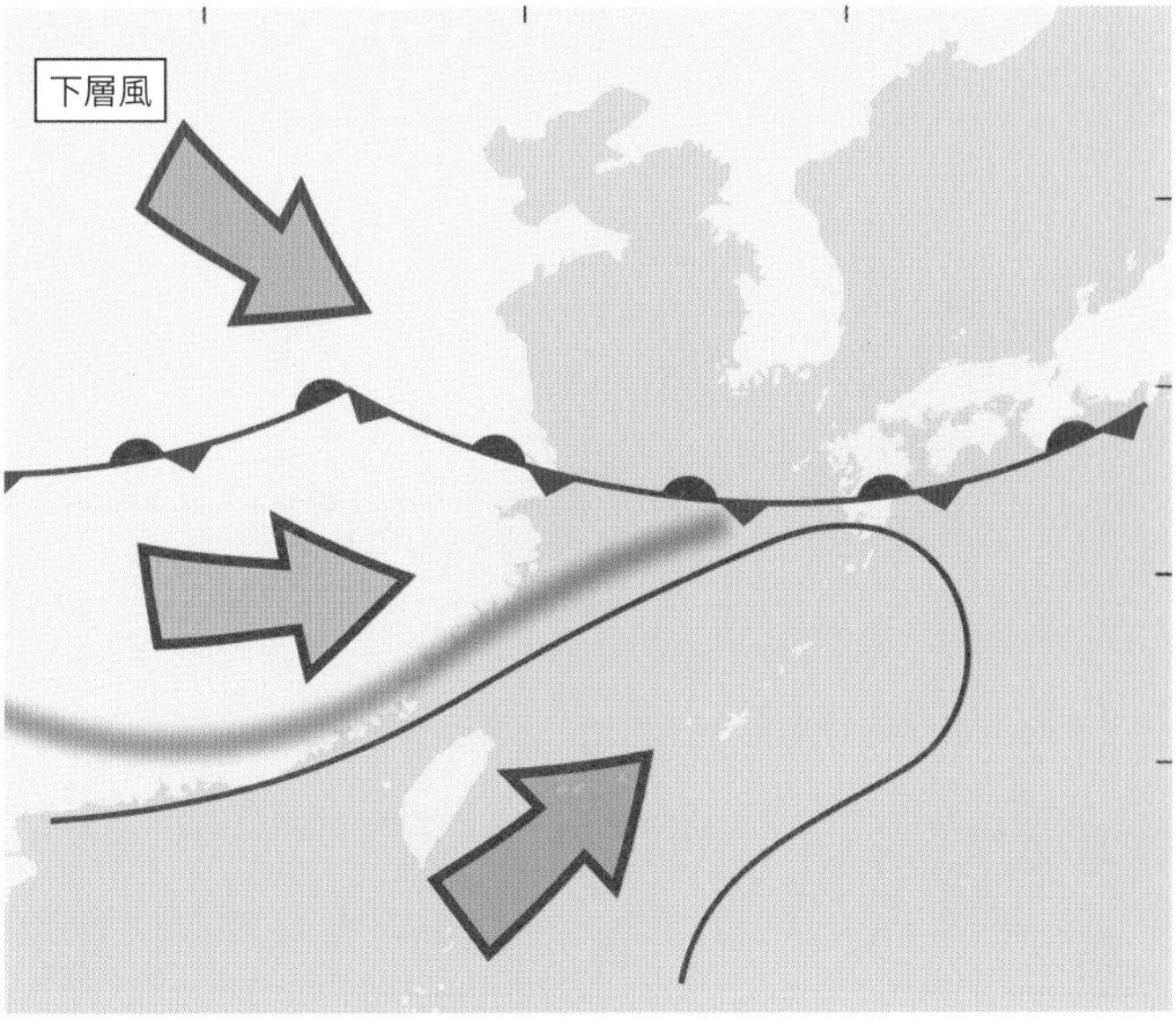
下層風

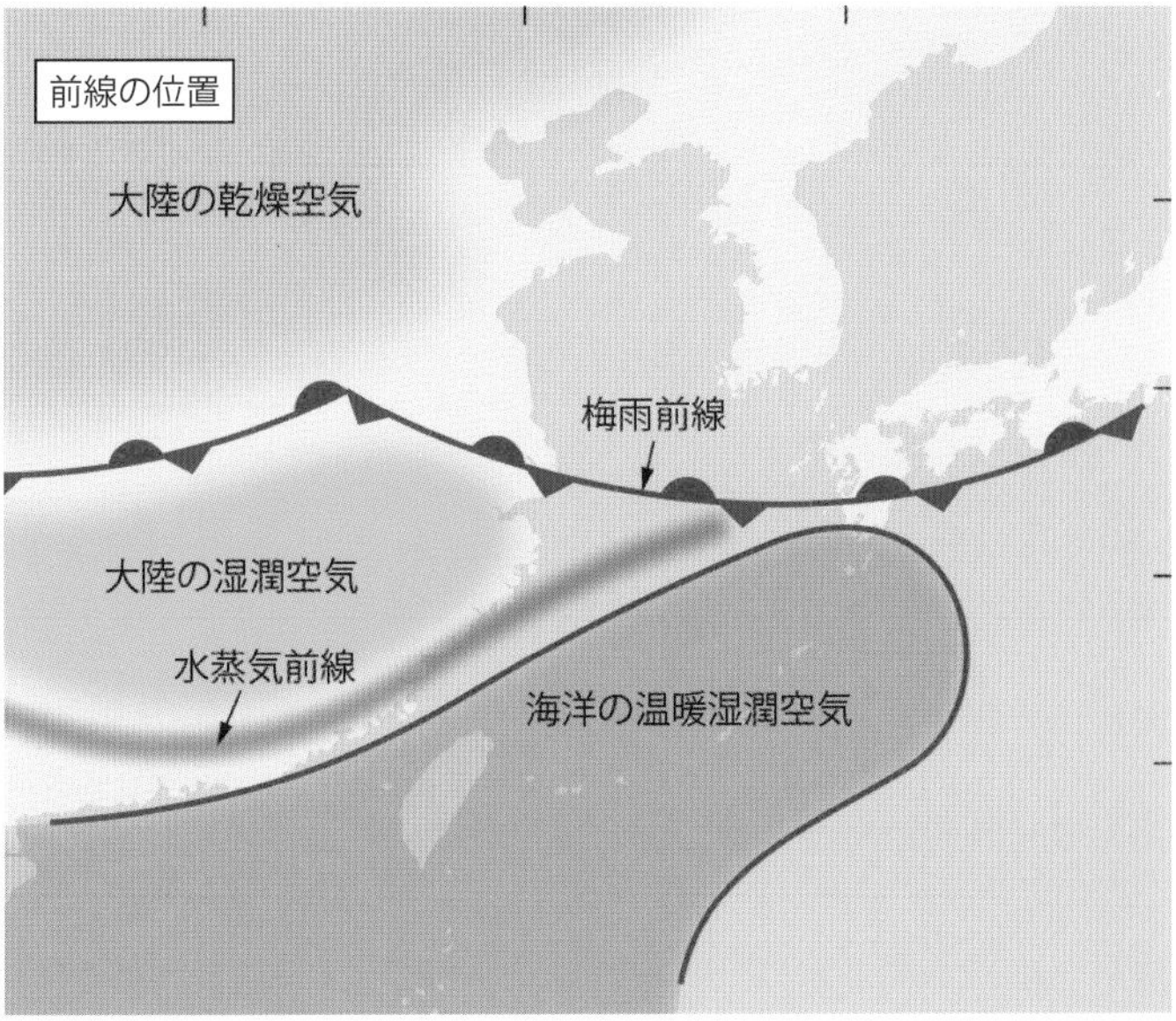
前線の位置
大陸の乾燥空気
梅雨前線
大陸の湿潤空気
水蒸気前線
海洋の温暖湿潤空気

は別に、その南側、東シナ海上に水蒸気の濃淡、つまり水蒸気前線が存在することが報告されています。梅雨前線帯の微細構造として、温度勾配が顕著な梅雨前線と、水蒸気勾配が顕著な水蒸気前線が存在することが明らかにされました。梅雨前線は、北緯30度付近を境に、北側の相対的に乾いて冷たい気団と南側の温暖・湿潤な気団との境界で形成される梅雨前線本体*と、梅雨前線の南側の暖域内で形成される、大陸起源の温暖・湿潤な気団と海洋起源の温暖・湿潤な気団との境界に形成される水蒸気前線*で形成されるというものです。もちろん、暖気同士のぶつかり合いなので、温度勾配は小さく、一方大陸起源と海洋起源の水蒸気量に顕著な差があることから、水蒸気でみられる前線なのです。ただし、必ず形成されるものではなく、両者の水蒸気量に大きな差がある場合にのみ顕在化するといえます。

昔から使われている「湿舌」とは、梅雨期の８５０～５００hPa天気図に現れる、舌状の形状を有した湿潤域と定義され、梅雨前線帯に沿って、数百kmの幅を有します。海面に近い下層大気ほどより顕著になります。ここで、湿舌と梅雨前線（本体）、水蒸気前線の位置関係をまとめると、東西に伸びる湿舌の中心線は、梅雨前線本体の位置とほぼ一致します。湿舌に対応する湿潤域は水蒸気前線の北側に位置することになります。これは、太平洋高気圧の境界に位置する水蒸気前線と太平洋高気圧に沿って円弧状に北上する湿舌を想像すれば容易に理解できると思われます。

＊梅雨前線本体
温度勾配は２℃／１００km程度。

＊水蒸気前線
南西風場が収束する場所と一致。

大気の川（Atmospheric river）

「大気の川」は、細長い水蒸気帯を指す気象用語であり、熱帯から温帯低気圧に向かって多量の水蒸気が輸送されるベルトの役割を担っています。大気の川という用語は、１９９０年代に入って気象衛星による観測データの質が向上したことに伴い、長さ数千㎞、幅数百㎞におよぶ水蒸気の帯が観測されるようになり、名付けられました。大気の川は、研究者によってさまざまな呼び名があり、雲の帯（cloud band）、水蒸気サージ（water vapor surge）、トロピカルコネクション（tropical connection）などの名称が存在しています。このようなグローバルスケールにおける大規模な水蒸気輸送は、地球の水循環に大きく寄与しているだけでなく、局地的な豪雨の源にもなっているのです。

アメリカやヨーロッパ、オーストラリアなどほとんどの地域で大気の川の影響を受けたことが確認されており、大雨をもたらした事例における大気の川の存在が議論されています。わが国では、大気の川の存在は梅雨前線や台風発生時に確認されており、最近では２０２０年に発生した「令和２年７月豪雨」や２０２１年の「令和３年８月の大雨」時に大気の川の存在が認められています。大気の川と線状降水帯は密接に関係していると考えられており、相対的にスケールの大きな大気の川の中で線状降水帯が発生しやすいといえます。

このように、日本列島南方海洋上の海面から下層大気の構造が次第にわかってきました。湿舌とよばれてきた多量の水蒸気輸送ベルトの起源は熱帯海洋上から伸び

線状降水帯ができるメカニズムとして
前線と大気の川が大きく関係しているんだね。

❶ 2023年6月2日16時

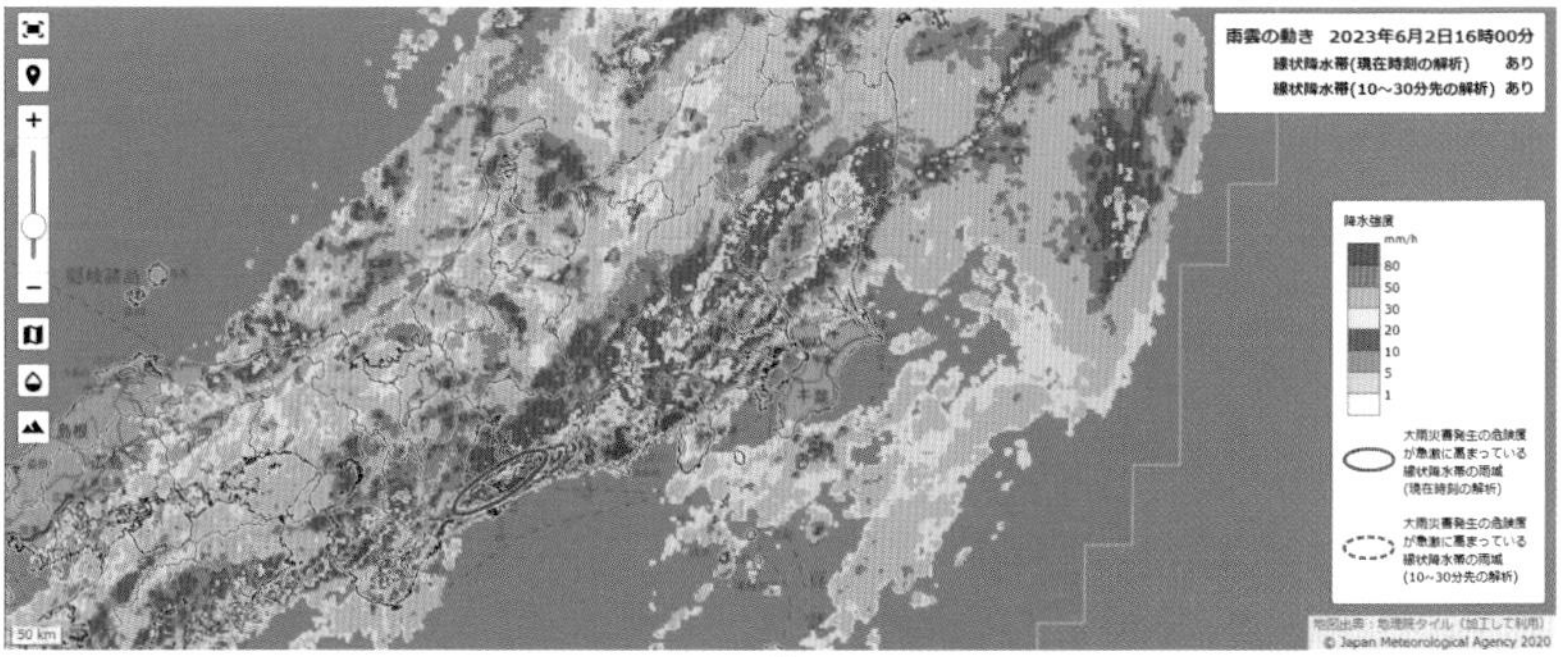

❷ 2023年6月2日16時30分

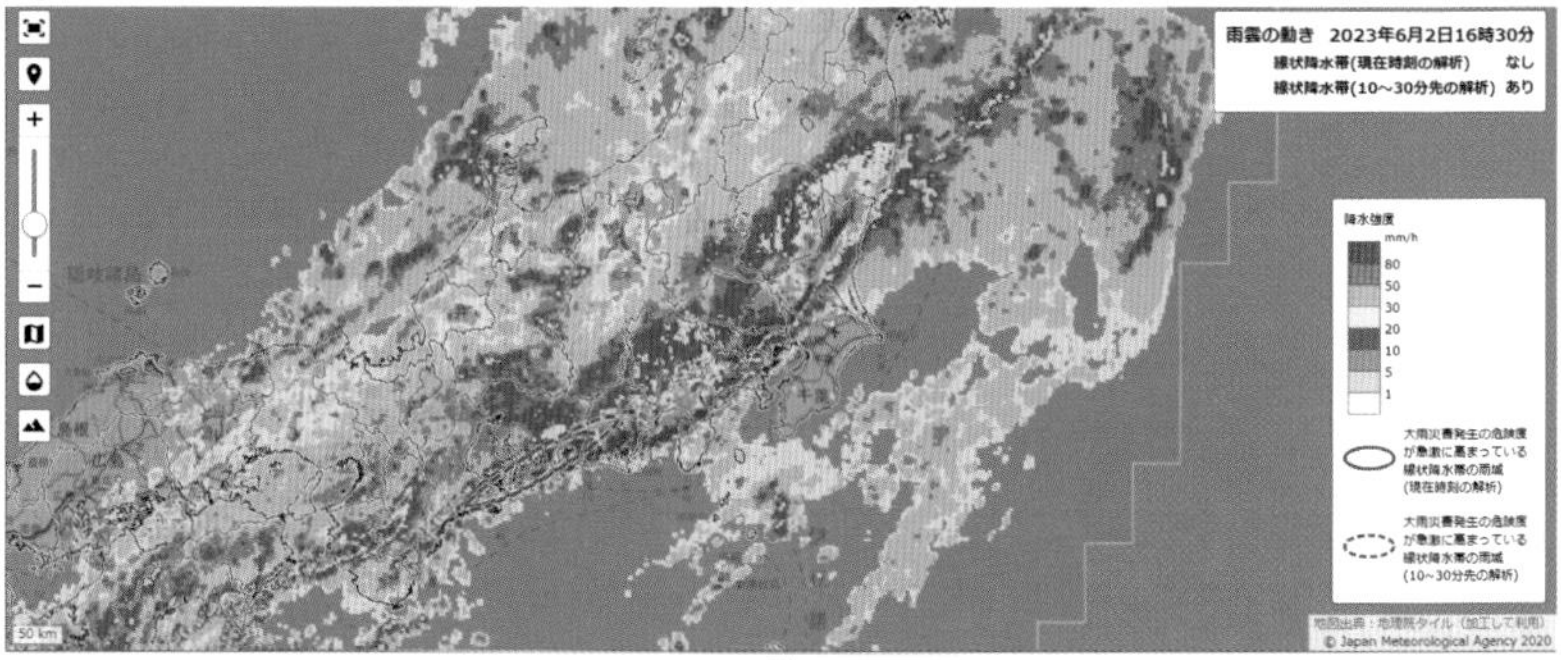

❸ 2023年6月2日17時

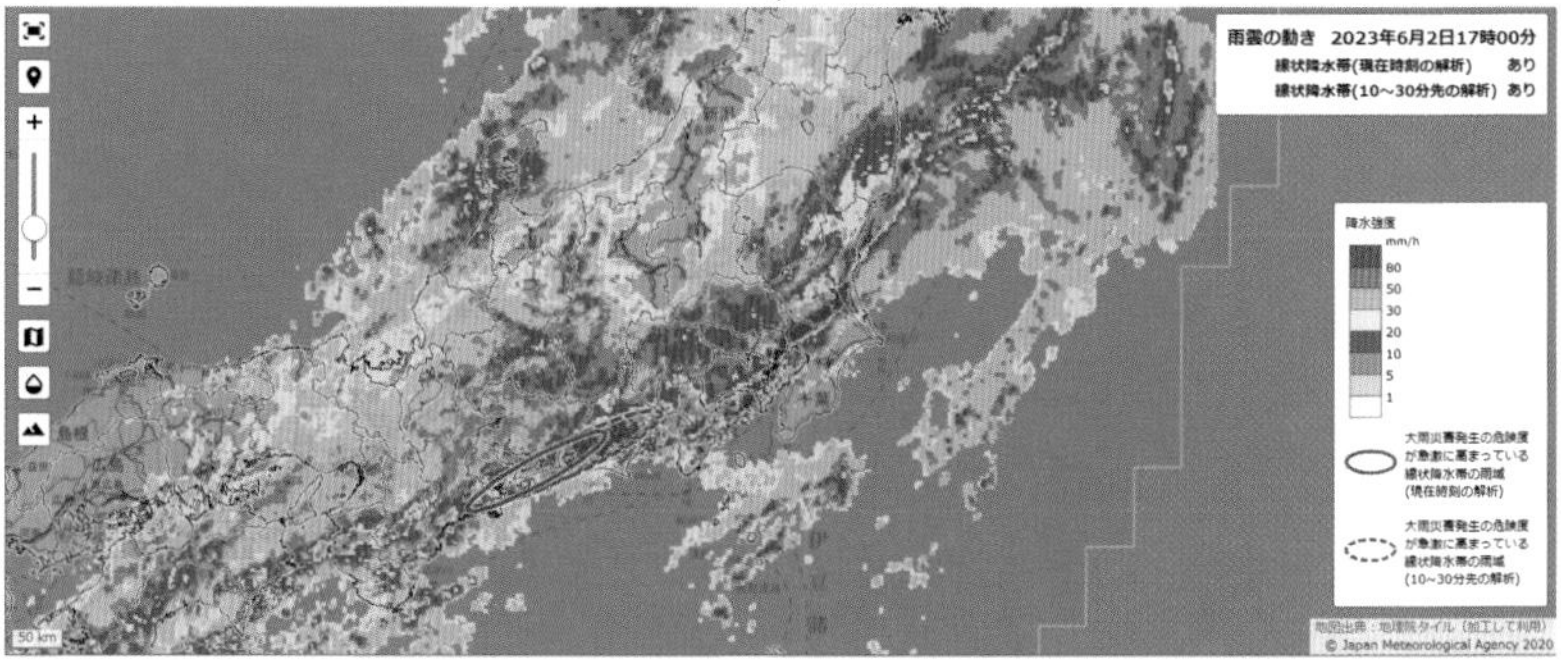

2023年6月2日16時～19時の雨雲の動きと線状降水帯の発生状況

（出所：気象庁）

2023年6月2日は台風2号（マーワー）からの暖湿気が本州付近に停滞した梅雨前線に吹き込み、西日本から東日本の太平洋側を中心に大雨となった。高知県、和歌山県、奈良県、三重県、愛知県、静岡県では線状降水帯が発生し、時間雨量で50㎜を超えるような豪雨が観測され、東海地方では降り始めからの雨量が500㎜を超えた。「顕著な大雨に関する気象情報」は、2日08時10分から21時00分の間に計11回発表された。

❹　2023年6月2日17時30分

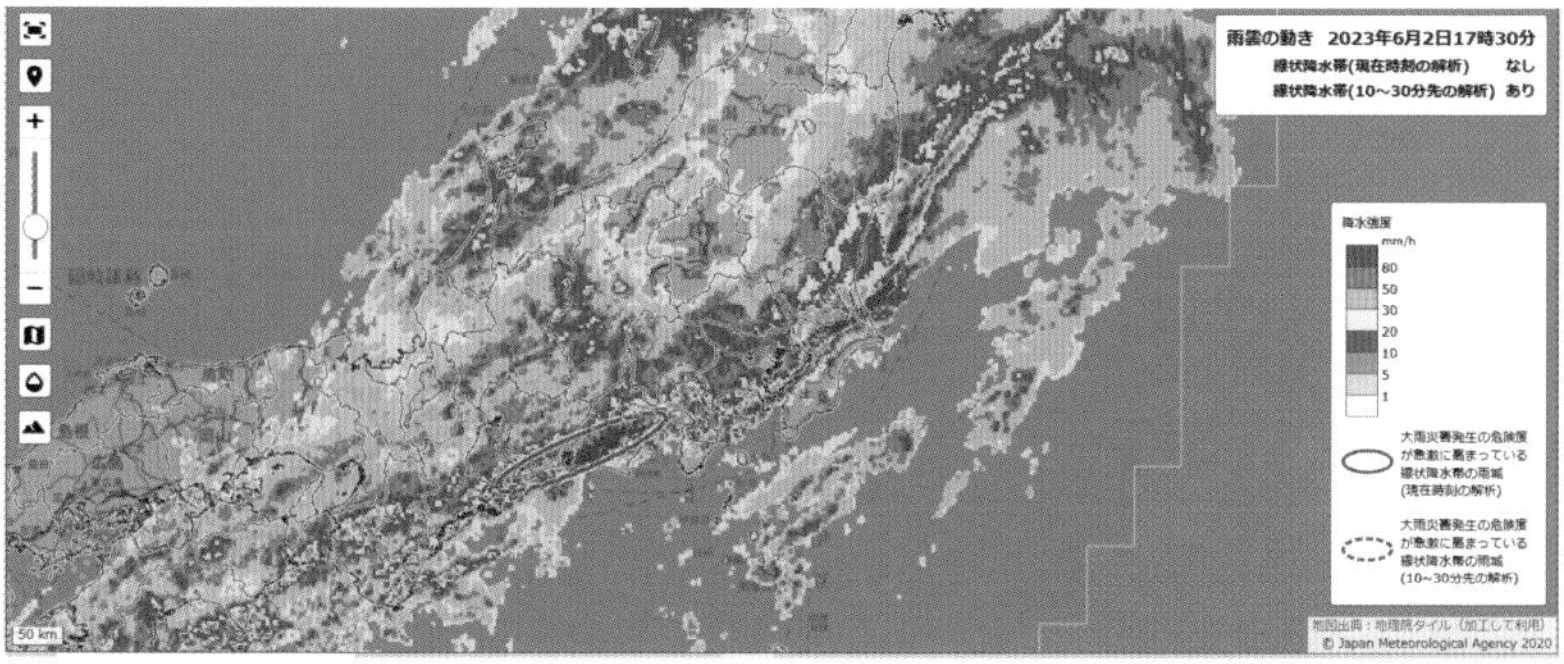

❺　2023年6月2日18時

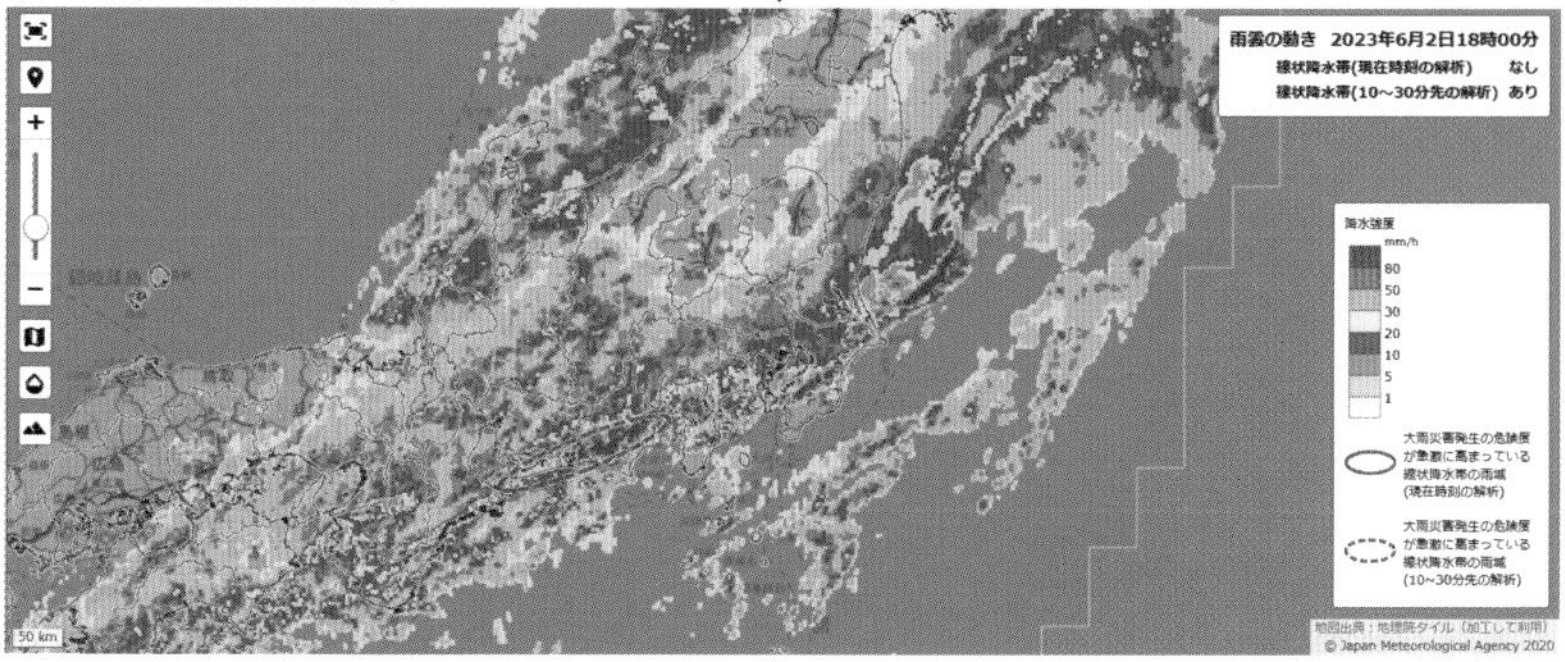

❻　2023年6月2日18時30分

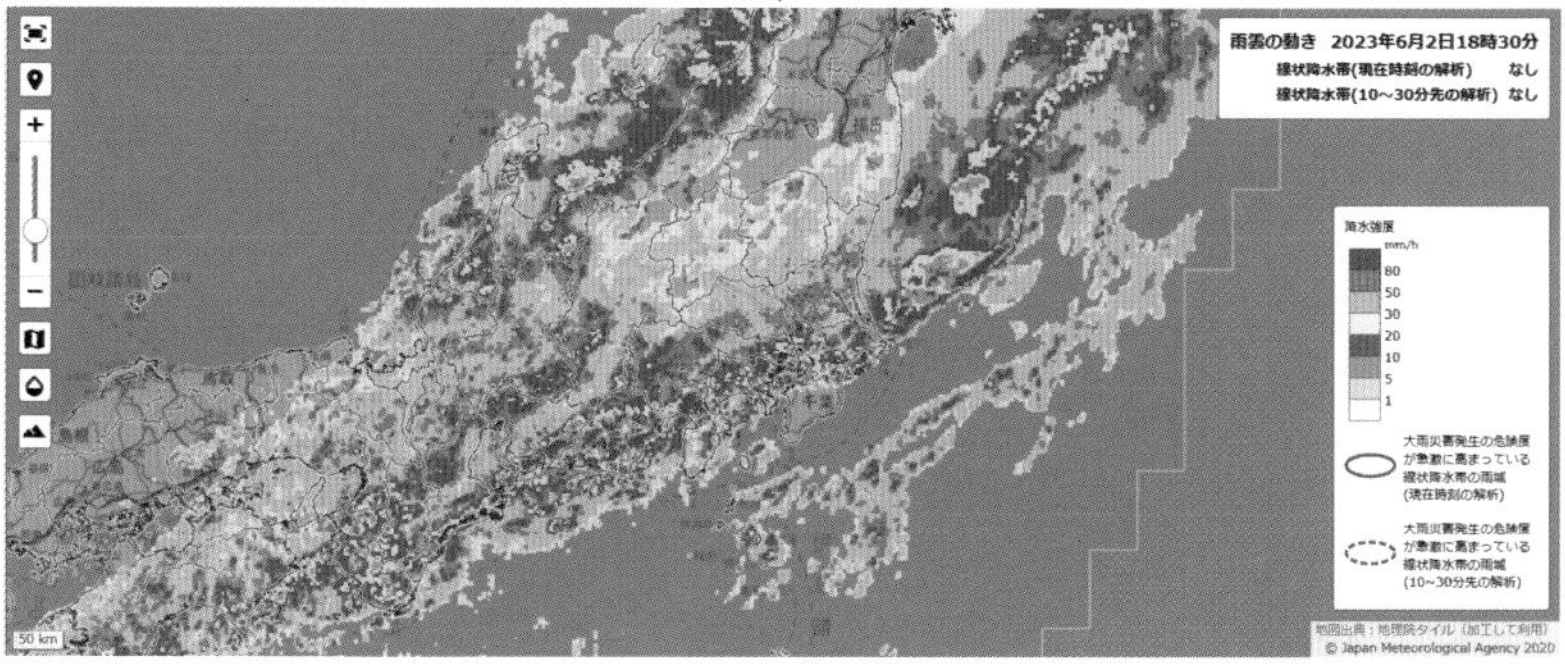

る大気の川であり、輸送された相対的に高温、多湿な空気塊は梅雨前線にぶつかって、発達した積乱雲が形成されます。このような数千kmスケールの中で、わずか数十kmのメソスケールの現象を理解し、観測し、予測することは、決して容易でないということなのです。

2章　JPCZ（日本海寒帯気団収束帯）

2.1 JPCZとは

冬になると日本海側で毎年のように大雪が降ります。この豪雪をもたらす原因がJPCZ*とよばれています。冬型の気圧配置が強くなると日本海側には、シベリア大陸から冷たい風が流れ込み、朝鮮半島北部に位置する長白山脈によって風が2方向へ分かれます。その後、日本海で再び合流し、雪雲が発達しやすくなり、大雪となります。

典型的な冬の気象衛星写真をみると、さまざまな筋状雲が形成されていることがわかります（図2・1）。細い筋がきれいに並んだ領域、太い筋、ひときわ太いバンド状の領域、筋の走向が異なっている領域などが存在しています。最も規則的にほぼ同じ太さの細い筋状雲が確認できるのは、オホーツク海上です。北西季節風の風向と平行に筋が形成されるので、専門的にはLモード（longitudinal-mode）とよばれます。一方、日

＊JPCZ
冬季季節風卓越時に日本海上で形成される収束帯のことであり、2000年代にこのような呼び名が定着するようになった。Japan sea Polar air mass Convergence Zoneの略。

世界随一の大雪をもたらすJPCZは、日本海側特有の現象です。JPCZを生じさせるものが何なのか、みていきましょう。
小林

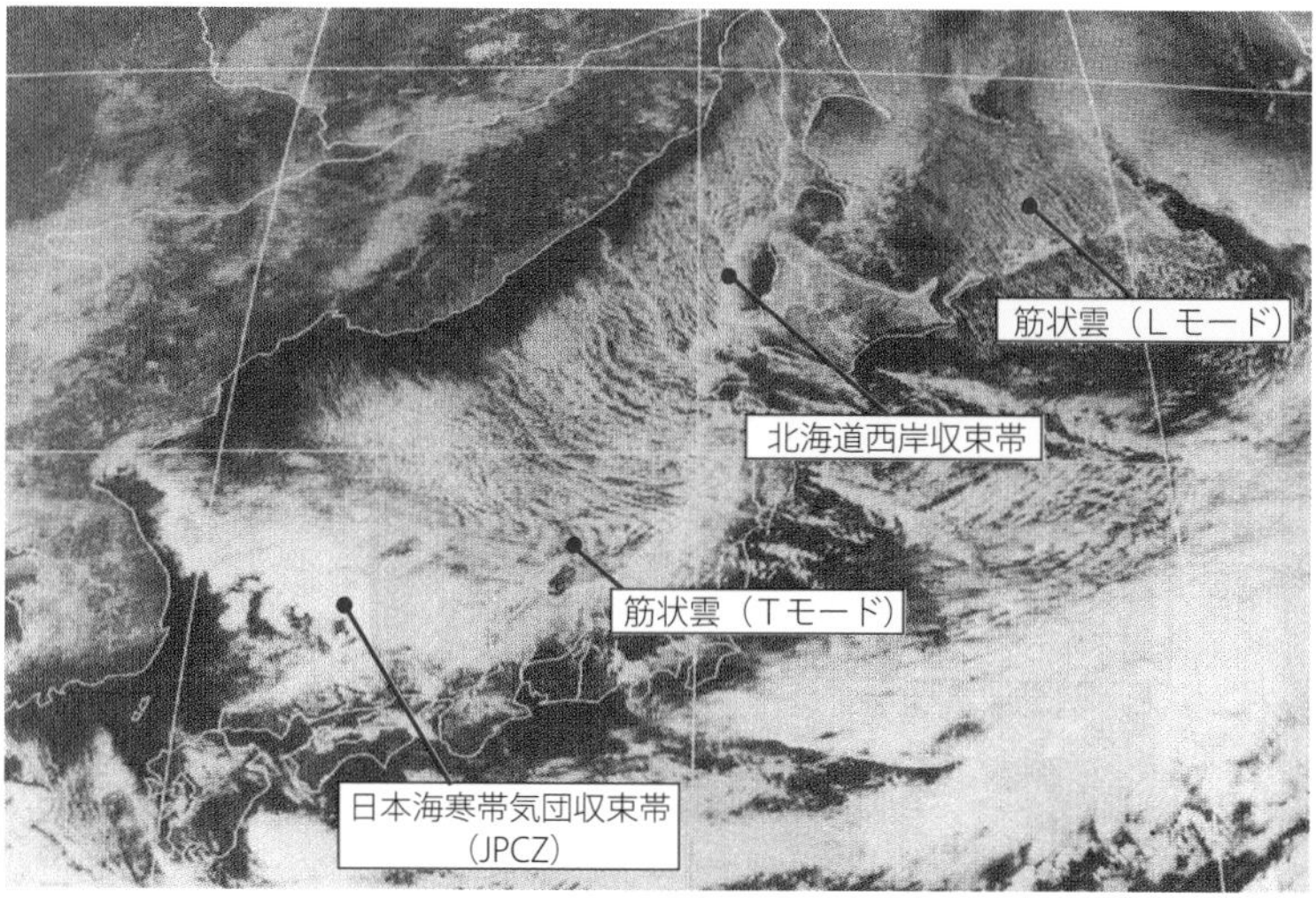
筋状雲（Lモード）
北海道西岸収束帯
筋状雲（Tモード）
日本海寒帯気団収束帯
（JPCZ）

図2.1　冬季寒気内北西季節風卓越時にみられる降雪雲

本海上ではさまざまな雲が確認できます。カラフト沖から東北の沖にかけて、多くの筋が形成されていますが、ところどころに太い筋状雲がみられます。これは、周囲より発達した雲であり、上陸地点は激しい降雪に見舞われます。最も注目されるのが、朝鮮半島の付け根から山陰～北陸にかけての真っ白い雲の領域と、北海道西岸に南北に伸びる幅広いバンド状の雲です。これが、現在JPCZとよばれる、日本海寒帯気団収束帯で形成される発達した積乱雲なのです。さらに、JPCZの北側、能登半島沖には、季節風と走向の異なる雲列*が確認できます。このように、主な風向きと筋状

＊季節風と走向の異なる雲列
主風向である季節風の北西風と筋状雲の向きが直交する。

大雪による除雪の様子

雲の走向が直交する場合をTモード(transversal-mode)といいます。以上のように、一言で雪雲といっても非常に複雑であることがわかります。

ＪＰＣＺのメカニズム

暖流（対馬海流）が流れている冬の日本海上で、西高東低の気圧配置になると北西の季節風が強く吹き、寒気が南下して暖かい海面から水蒸気が供給され、雪雲が発生します。寒気が入ってきた日本海では、海面からの熱と水蒸気でいっぱいになり、積雲の発生を伴う対流が生じます（3章参照）。上空の寒気がドームのようになり対流を抑制するために、高度4～5㎞の対流圏中層に逆転層*が形成され、雲頂は3～4㎞に抑えられます。このため、降雪雲*の水平スケールは数㎞と小さくなります。

北西の季節風が強く吹くときに気象衛星画像で観える筋状の雲列は、積雲、積乱雲が無数に並んだもので、気団変質*過程の結果といえます。この筋雲列は気象レーダーでみると列状の対流セルが認められます。このような冬季の積乱雲（降雪雲）は、日本海沿岸を流れる対馬海流上で急発達して、雲内でアラレ*が形成されます。そのため、上陸時に落雷が多く観測されます

＊**逆転層**
一般に、高度とともに気温は低下するが、逆に上昇する部分を逆転層という。

＊**降雪雲**
雲の分類上は積乱雲に属する。積乱雲というと高度が10㎞を超えるような夏の入道雲を想像するが、降雪雲も鉛直方向に発達した対流雲である。

＊**気団変質**
気団がその性質を変えること。寒冷・乾燥の大陸性気団であるシベリア気団は、日本海を通過する際、海面からの熱と水蒸気が供給され雪雲が発生して、日本海側では大量の降雪が観測される。日本海を渡る間に多量の水蒸気を得て、乾燥した気団が湿潤に変化する。

＊**アラレ（霰）**
気象学上、固体粒子うち直径5㎜以上のものを雹（ひょう）、直径5㎜未満を霰と分類される。霰の形状は球形である。

（冬季雷）。さらに、上陸とともにアラレを落として、雲自体も衰弱して消滅します。

冬の積乱雲が観られる場所は、寒気進入時の気団変質が顕著に現れる場所でもあり、北米の五大湖やスカンジナビア半島周辺なども挙げられます。ただし、日本海は緯度が低くて、形成される多量の水蒸気を含んだ雪雲は、豪雪や落雷（冬季雷）、竜巻（winter tornado）など特異な現象をもたらす、世界的にもユニークな現象といえます。

JPCZ研究の歴史

日本海側の地域にとって大雪に見舞われると経済、交通、生活などすべてがストップしてしまい大きな問題となります。特に、1週間降り続くような豪雪は、そのメカニズム、予測、行政の対策など多くの課題を露呈しました。1963年（昭和38年）の豪雪は記録的で、1962年のクリスマス頃からまとまった降雪が続き、1963年1月には寒気が居座り[*]、降った雪が溶けないまま蓄積され、新潟県、北陸地方、中国地方を中心に記録的な降雪、積雪を記録しました。長岡市や福井市など都市部でも積雪が2mに達し、市民生活がマヒしました。今では想像がつかないかもしれませんが、家屋の2階から出入りする映像を見たことがあるかもしれません。総観スケールでは、偏西風の蛇行により北極の寒気が長期間日本周辺に流れ込んだのが豪雪の原因ですが、メソスケール的には、JPCZにおける活発な雪雲の形成と考えられています。気象庁は、「昭和38年1月豪雪」と命名し、通称「38（さ

＊寒気が居座る
天気図上の寒気の形状から、「なべ底型」寒気とよばれる。

んぱち）豪雪」とよばれています。この豪雪を契機に、気象学的な研究が盛んになりました。ただし、現在のような高性能な各種レーダーを用いた観測は望むべくもなく、ようやく手に入るようになった、気象衛星写真や気象レーダーエコースケッチ図から、日本海上で何が起こっているかを把握できるようになりました。18年後にも豪雪が記録され、１９８０年12月から１９８１年（昭和56年）３月にかけて、東北地方から近畿北部までを襲った豪雪は、「56（ごうろく）豪雪」とよばれています。*

当時、気象衛星の情報が手に入るようになると、寒気吹き出しに伴う日本海上の降雪雲の全体像が観えるようになりました。寒気が強くなると、日本海全域に幾本もの筋状雲が確認され、本州の低地帯を季節風が通り抜けて、太平洋まで達することが明らかになりました。筋状雲の中には、より太い帯状雲もしばしば観測されます。英語では、筋状雲が「ライン状」、帯状雲が「バンド状」と言い換えられます。筋状雲はさまざまな形態を有し、特に季節風の風向（風の鉛直シアー）で筋の向きを説明できることが解明されました（3章参照）。ただ、このような筋状雲とは明らかに異なった雲域が、日本海中央部と北海道西岸でしばしば観測され、注目されるようになりました。１９７０年代に入ると、日本海中央部と北海道西岸に形成されるバンド状の雲は、「収束雲」とよばれるようになりました。これは、風の収束が主原因で形成される雪雲であることから、略して収束雲となったものと想像できます。

＊豪雪の18年周期説
昭和38年（１９６３）の「38豪雪」や昭和56年（１９８１）の「56豪雪」は有名だが、昭和20年（１９４５）も豪雪に見舞われており、いつしか豪雪の〝18年周期説〟が指摘されるようになった。その後、１９９９年（平成11年）も豪雨や豪雪が記録され、２０１７年（平成29年）も豪雨や豪雪が顕著であった。大気現象には、10～30年周期の変動が存在するため、大気科学的に意味のあることかもしれないが、未だ解明されていない。

日本海中部で形成される降雪雲は、北西季節風が風上の朝鮮半島にそびえる白頭山を迂回し、再び合流することで、収束し上昇流が強まり降雪雲が発達することが明らかになり、現在の名称に落ち着いた経緯があります。ＪＰＣＺは、衛星画像からはライン状～帯状の周囲と区別できる（雲頂高度の高い）真っ白い雲として観測されることから、広義の線状降水帯といえます。ＪＰＣＺは、１日～数日間持続されることが多く、結果として上陸地点では豪雪が続くことになります。ただし、ＪＰＣＺラインは決して一定の状態を保っているのではなく、その位置は刻々と変化するため、強い降雪地域も時間変化します。衛星画像を早送りでみると、蛇行しながらうねって、上陸地点を変えていく生き物のような動きです。ＪＰＣＺの上陸地点は、風上に位置する白頭山から南東方向に位置する福井県（若狭湾）～石川県の頻度が高いものの、島根県、鳥取県から京都府北部、あるいは富山県から新潟県に達することもあります。また、日本海沿岸域だけでなく、滋賀県、岐阜県、愛知県など風が抜けやすい地域でも直接影響を受ける可能性があります。

さらに、ＪＰＣＺは風の収束域ですから、異なった向きの風がぶつかることで、シアー不安定が生じ、しばしば蛇行し、渦が形成されます。この渦は、直径10km～100kmを有し、メソスケールの現象であることから、メソ渦とよばれます。昔は小低気圧*とよばれたこともあります。このメソ渦は、より強い降雪をもたらすだけでなく、突風や落雷を伴う「冬の嵐」といえます。直径10kmのメソ渦は、レーダーで観ると、スパイラル状のエコーが観測され、ミニチュアの台風の様相を呈します。

*小低気圧
天気図に表現できるかどうかの小さな低圧部を指す。

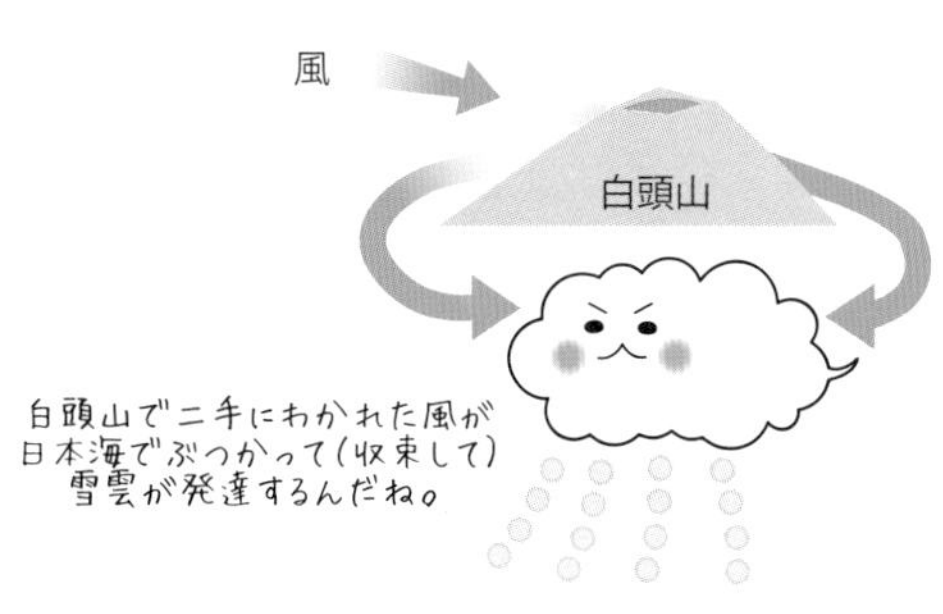
風
白頭山
白頭山で二手にわかれた風が
日本海でぶつかって（収束して）
雪雲が発達するんだね。

さらにメソ渦の微細構造として、竜巻（winter tornado）も観測されることから、メソサイクロンとよばれることもあります。直径数百kmに達する大規模なメソ渦は、ポーラーロウ（Polar low）とよばれます（2・5節参照）。

　具体的に、豪雪時の衛星画像からJPCZの時間変化をみましょう（図2・2）。2018年2月4日から7日にかけて、北陸を中心に記録的な豪雪になりました。寒気の吹き出しに日本海中部でメソ低気圧が発生し、南東進しながらその後面でひときわ白いJPCZが形成されていったのがわかります（2月4日）。当初JPCZは山陰に上陸しましたが、5日以降上陸地点は北陸中心になりました。豪雪の期間中、数個のメソ渦が形成され、それが北陸から東北に繰り返し上陸したことがわかります。断続的に降り続く降雪の中、メソ渦が積雪を一気に増し、福井では積雪が1mを超え、〝56豪雪〟以来の大雪となりました。このように、記録的な豪雪には、JPCZの存在とそこで発生するメソ渦が極めて大きな役割を担っているのです。

2.2 気団変質と雪雲の形成

　日本海上の気団変質とは、対馬暖流*が流れる日本海沿岸域では、寒気が入って来る時に大量の水蒸気を得て対流雲が急成長し、多量の降雪が観測されることをいいます。沿岸で発達した雪雲は、上陸時に真っ先に大きな降水粒子を落とし、降雪とともに雲自体も衰弱し消滅します。

　降雪雲は、夏季の積乱雲に比べて水平・鉛直スケールとも小さい日本海上の雪雲

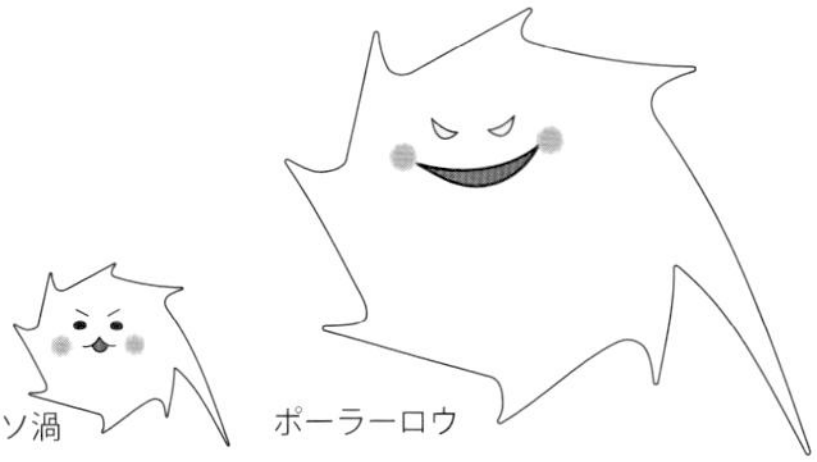

＊対馬暖流
黒潮から分岐して日本海沿岸を北上する。冬季でも海水温度が高く、5~7℃程度はあるため、上空5km（500hPa）に第1級の寒気（36℃以下）がくると、暖かい海面との温度差は40℃を超え不安定になり、対流（雪雲）が発生する。近年の温暖化による海面温度上昇で、最近は真冬でも10℃を超えることもある。

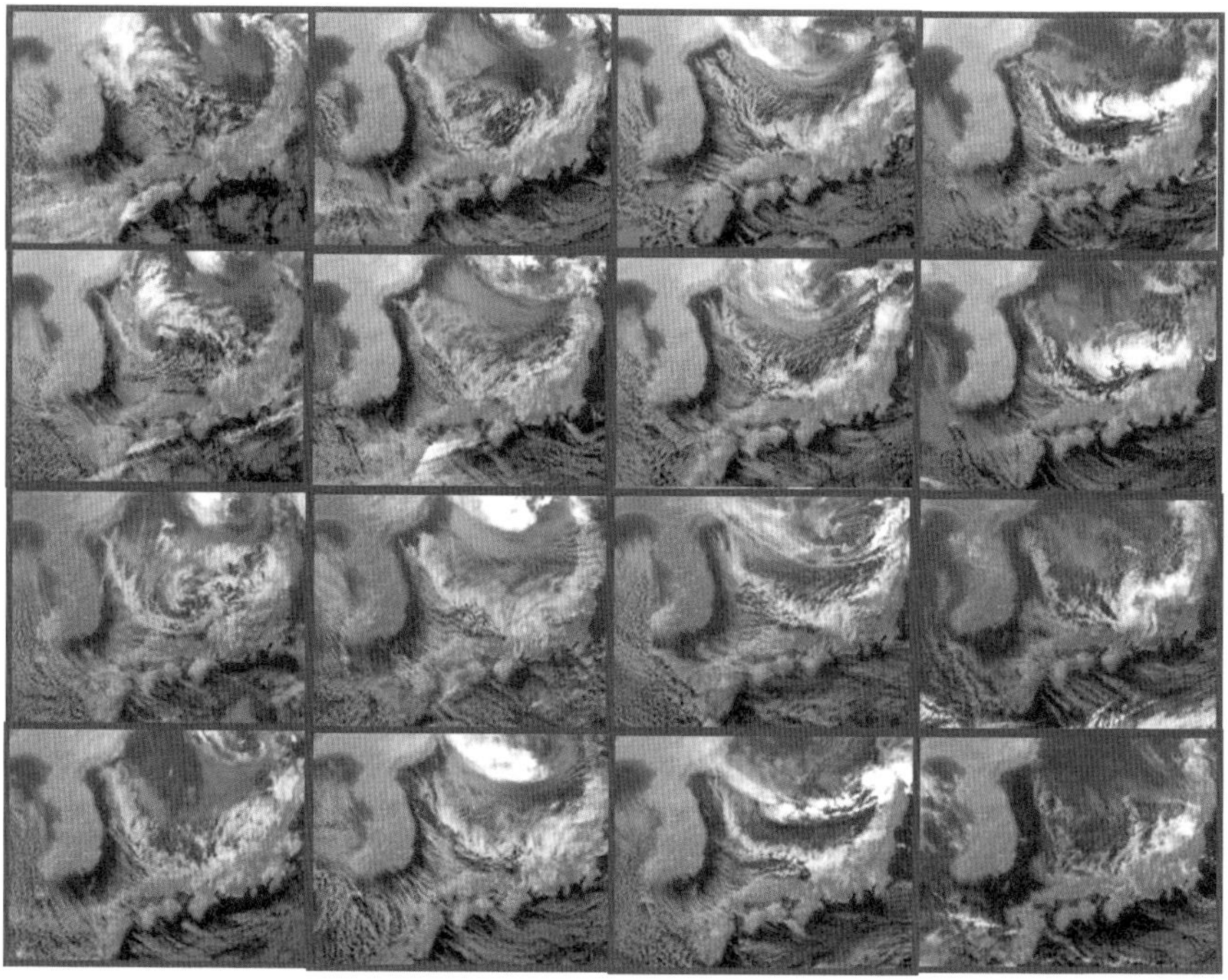

図2.2　2018年２月４日から７日までのJPCZの時間変化
左から、４日、５日、６日、７日、上から、０時、６時、12時、18時の衛星画像。

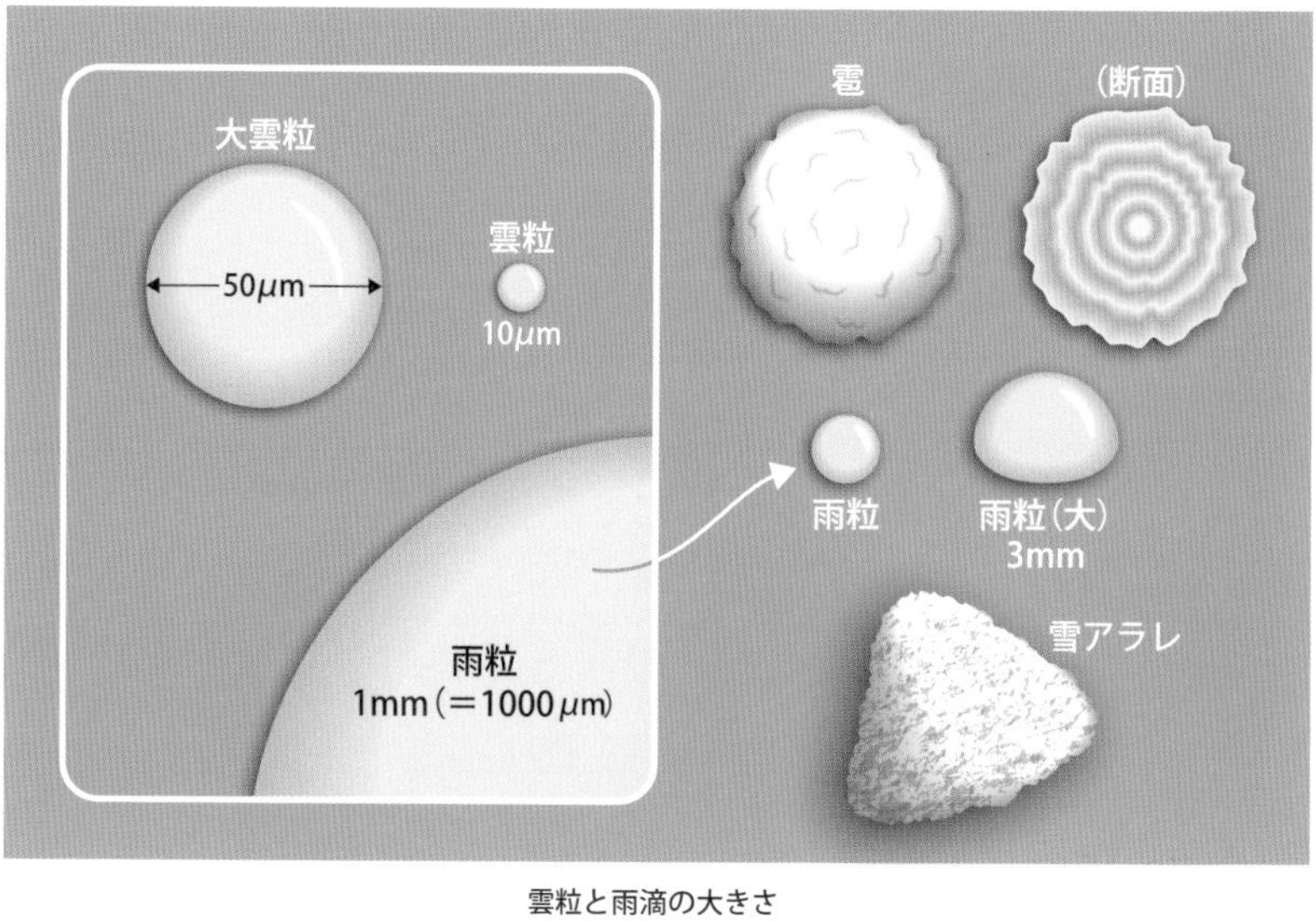

雲粒と雨滴の大きさ

ですが、海岸線で急速に発達して、雲内では紡錘形《ぼうすいけい》*の雪アラレ*が形成されます。これは、降雪雲内に強い上昇流が存在することの結果であり、発達した降雪雲からはしばしば〝冬の竜巻〟も発生し、winter tornado*とよばれます。また、アラレが主役となり電荷分離が進み、落雷*も発生します。アラレによる下降流強化により、スノーバーストとよばれる下降流突風もしばしば発生するのです。

どのような雲でアラレが形成されるのでしょうか。一般に、降雪雲内で−10℃の高度でアラレが形成されます。夏季の雄大な積乱雲であれば、地上気温が30℃、圏界面付近の気温が−55℃くらいですから、−10℃レベルは必ず雲内に存在します。一方、降雪雲の雲頂高度*は低いため、気温の鉛直分布*によって−10℃レベルが雲内に存在することもあれば、存在しないこともあります。つまり、同じ降雪雲でも内部に多量のアラレを有するものとそうでないものがあるのです。多量のアラレの落下は、下降流を強め、スノーバーストや地吹雪*に直結すると考えられています。

2.3 北海道西岸収束帯

北海道西岸に形成される収束帯（帯状雲、収束雲）

北海道西岸は、日本海の北側に位置しており、太平洋につながる津軽海峡、オホーツク海につながる宗谷海峡となります。冬季北海道西岸の日本海上にも南北に伸びたバンド状の降雪雲（降雪バンド）がしばしば形成されます。寒気吹き出しに伴う筋状雲とは明らかに異なり、帯状雲とか収束雲などとよばれてきました。これも日

＊紡錘形
三角錐の形状を有した個体粒子。底面は落下しながら雪片を捕捉するため丸くなっている。

＊雪アラレ
降雪雲に伴う紡錘形をした固体粒子は雪霰（graupel）とよばれる。

＊winter tornado
降雪雲に伴い発生する竜巻。原因は、低気圧・前線、寒気内低気圧（ポーラーロウ）、局地前線、一様な季節風下とさまざまであり、発生の実態やメカニズムは不明な点が多い。

＊落雷
暖候期の背の高い積乱雲からの落雷を夏季雷（かきらい）とよぶのに対して、背の低い降雪雲からの落雷は冬季雷（とうきらい）とよばれる。

＊雲頂高度
雲の最高到達高度。直接測定することは難しく、衛星観測の赤外画像（温度分布）から推定されることが多い。レーダーでみたエコー頂高度はエコートップ（echo top）といわれ、雲頂高度とは区別される。

＊鉛直分布
例えば、真冬の北海道であれば地上気温が−10℃くらいになるため、雲内の気温はもっと低くなる。そのため、アラレの生成は不活発であり、落雷も起こらない。

＊地吹雪
いったん降り積もった雪粒子が風により地面付近を移動する現象。

本海上の収束帯で形成される特別な降雪雲（雪雲）ですから、2つ目のＪＰＣＺといえるでしょう。この帯状雲は、ひとたび石狩湾から上陸すれば、札幌を中心に豪雪に見舞われることから、古くは「石狩湾小低気圧*」とよばれ、観測、予測の研究が行われてきました。日本海中部で形成されるＪＰＣＺと比較して、発生から上陸まで北海道西岸に沿って、数十㎞沖合に形成される点が大きく異なります。つまり、レーダー等で帯状エコーとして直接観測ができるのです。

北海道西岸に形成される帯状雲は大きく2つのパターンが存在します。低気圧の循環内で発生するパターンと低気圧が遠ざかり比較的季節風が収まった時に発生するパターンです（図2・3）。前者は、台風のアウターレインバンド同様に、強い渦の内部構造（ただし、北海道という地形の影響も働いている）として理解されます。ここでは、後者について詳しくみていきましょう。

帯状雲の形成メカニズム

北海道西岸収束帯の形成メカニズムは、北海道の陸地が重要な役割を果たしています。冬季陸地部分は積雪と放射冷却により下層大気が冷やされることにより、メソハイ*が形成されます。ここから発散される気流（陸風）と季節風がぶつかった所で収束帯が形成されます。この収束パターンが、山地を迂回した気流がほぼ同等にぶつかるＪＰＣＺとは大きく異なる点です。その結果、北海道西岸収束帯では以下のような特徴が顕著になります。

スノーバースト

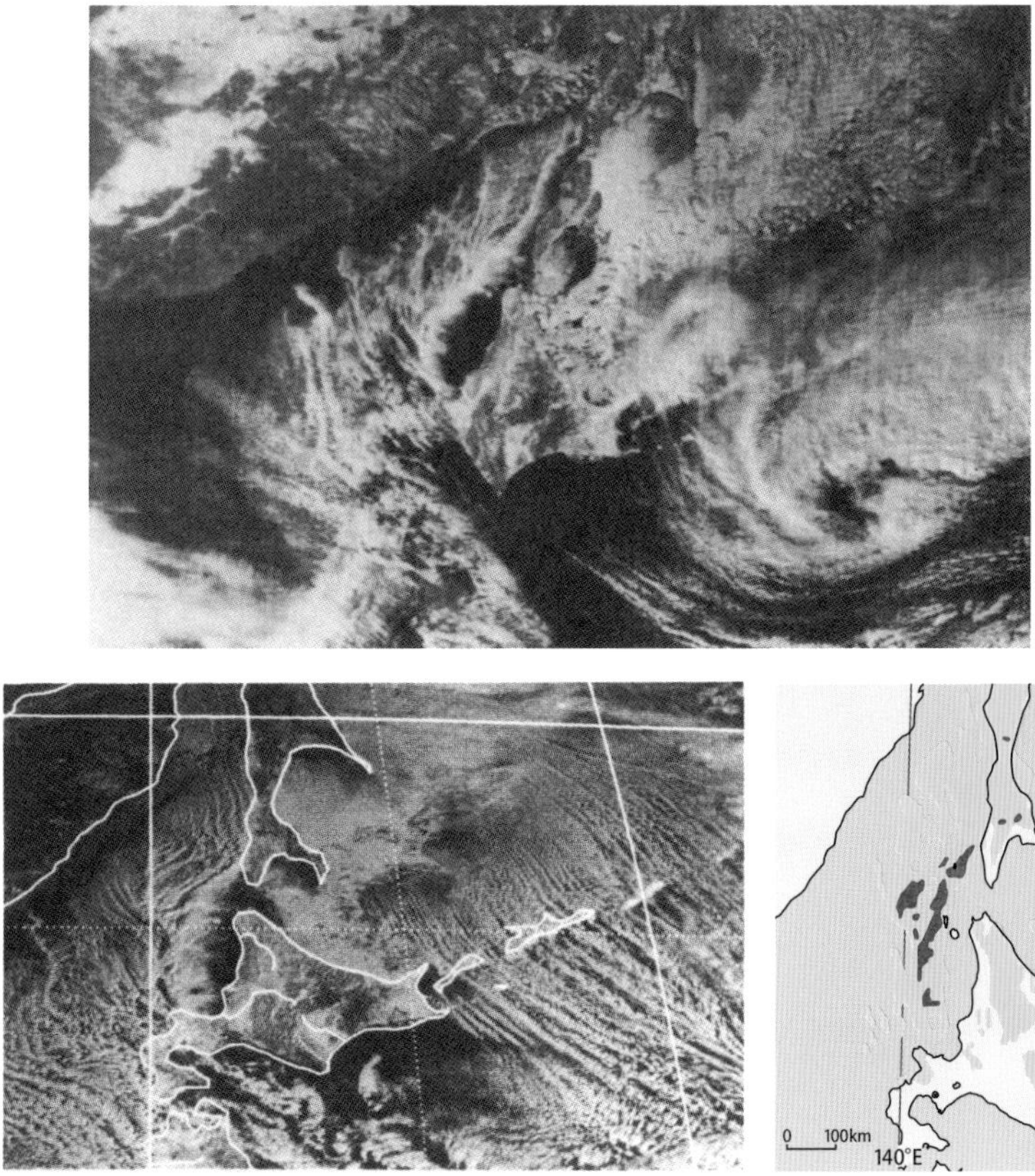

図2.3　北海道西岸で形成される帯状雲（降雪バンド）

低気圧循環内タイプ（上図）と季節風が弱った時に発生するタイプ（下図）。
下図右は、雲頂温度の低い部分をぬき出したもの。

＊石狩湾小低気圧
北海道西岸の石狩湾付近で発生する規模の小さい低気圧。北海道西岸小低気圧ともいわれる。メソ低気圧の一種。

＊メソハイ
局地的な高圧部。積乱雲の下で下降流により気圧が上がる高圧部もメソハイ（雷雨性高気圧）とよばれる。

①　季節風に乗って次から次へとやってくる雪雲を陸風がせき止める形で、雲が非常に発達します。しかも、せき止められた雪雲は多量の降雪を蓄積し、さらに南下するわけですから、帯状雲の上陸地点では極めて多量の降雪がもたらされます。北海道西岸一帯で降る雪がすべて合算され1か所で降るといっても過言ではありません。

②　季節風と陸風との風速差は大きいため、シアーが大きく、渦が形成されやすくなります。

実際に雲の成長過程を解析してみると、周囲に比べて雲頂高度の高い雲が形成されていくのがわかります。帯状雲（帯状エコー）の形成過程は、宗谷海峡付近から南下していくパターンが一般的です。この収束帯で発達した積乱雲は筋状雲何本分もの水蒸気が供給されているわけですから、南下して上陸した場所は、記録的な豪雪となるのもうなずけます。特に、石狩湾に進入した場合は、札幌市内を直撃する形となるため、都市防災上最も危険な雲といえるのです。通常の季節風では、西から北西の風により、札幌市の北側や岩見沢付近が降雪の中心となります。北北西から入り込んでくる場合、札幌の中心部から千歳方向へと雪雲が進入し、札幌周辺の交通機関がマヒするのです。

帯状雲に伴い形成されるメソ渦

具体的な渦の観測事例を示しましょう。主低気圧が北海道を通過し、オホーツク

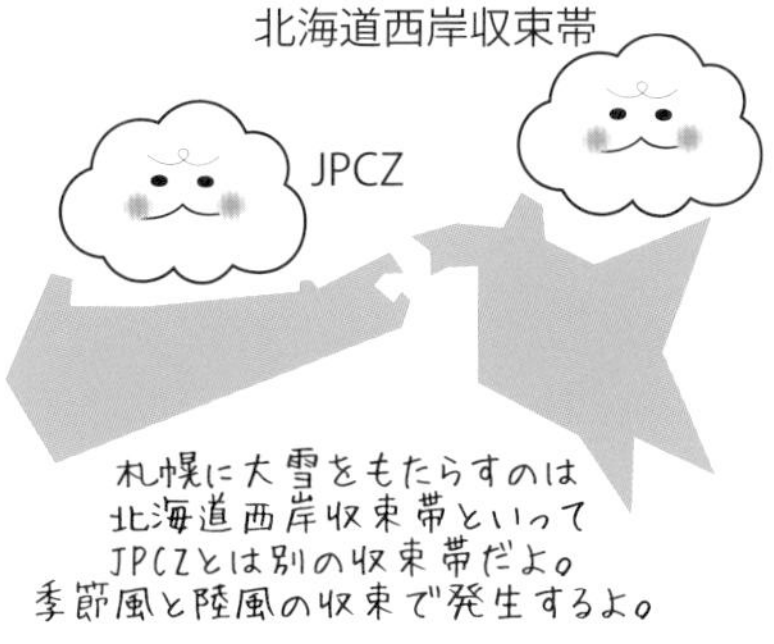
北海道西岸収束帯
JPCZ
札幌に大雪をもたらすのは
北海道西岸収束帯といって
JPCZとは別の収束帯だよ。
季節風と陸風の収束で発生するよ。

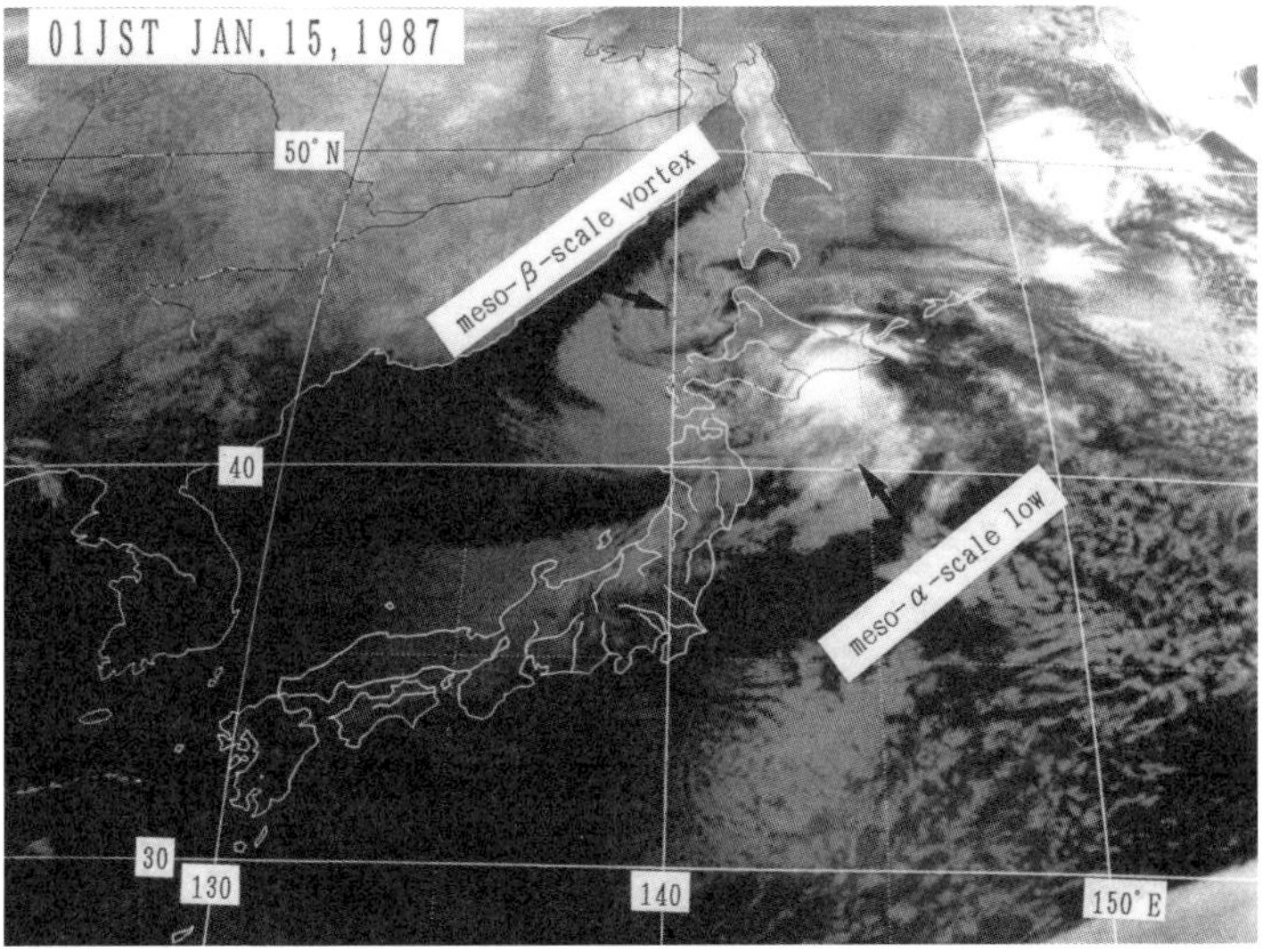

図2.4　1987年１月15日１時のひまわり赤外画像

海上で発達中に、メソ低気圧が発生した事例であり、衛星写真をみると北海道の南東部にメソαスケール（積乱雲群）の雲の塊が確認できます。さらに、北海道北部の日本海上には湾曲した雲、メソβスケール（積乱雲）の渦が認められます（図２・４）。つまり、１０００㎞スケールの主低気圧がオホーツク海上を発達しながら北東へ進み、その後面で−30℃の寒気が南下するのに伴い、１００㎞のメソ低気圧が発生し、さらにその後面で数十㎞の渦が形成されるという、階層構造（multi-scale structure）

発達する積乱雲

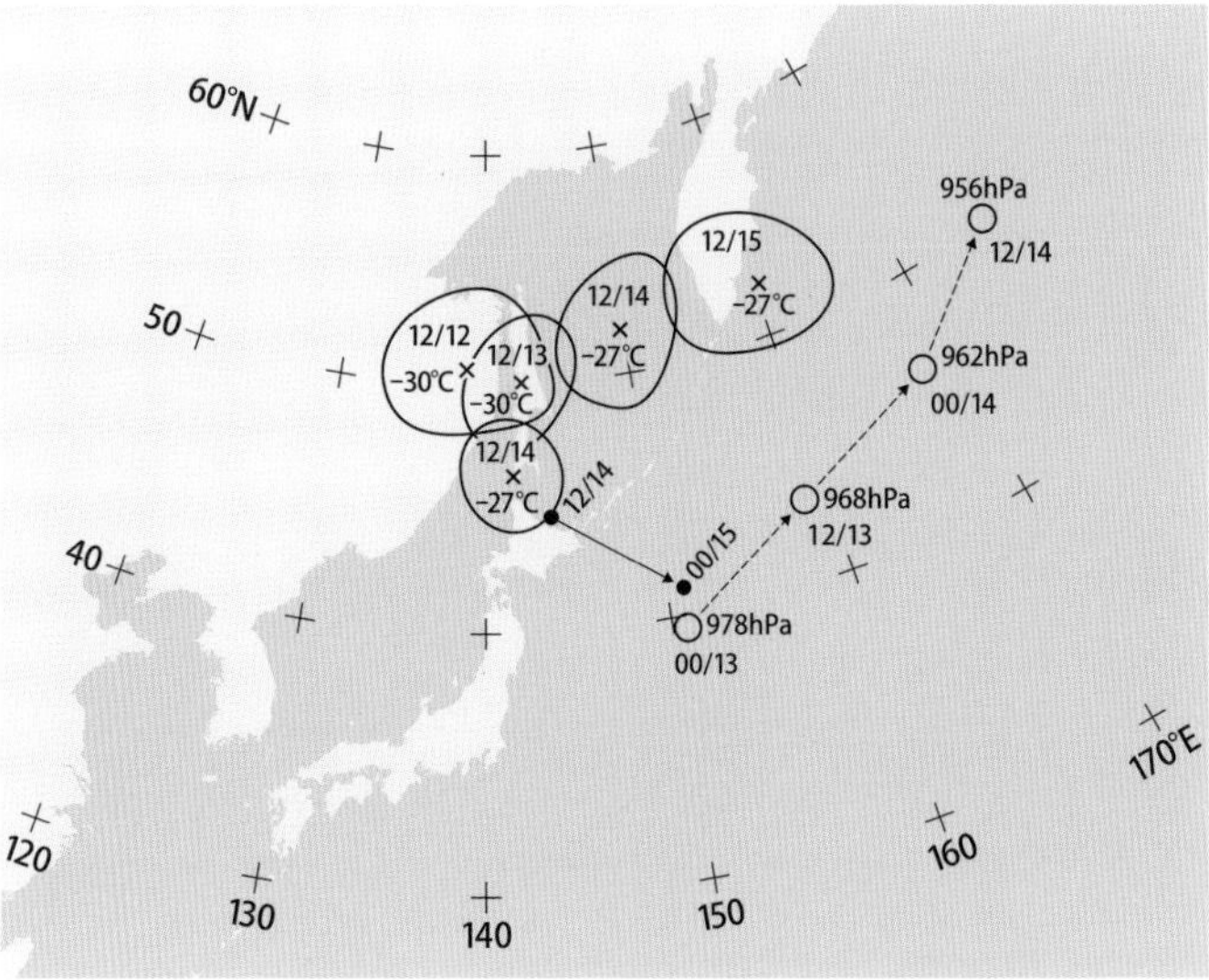

図2.5　主低気圧（○）、メソ渦（●）と上空の寒気（実線）の関係

が存在していました（図２・５）。地上の風と気温分布をみると、北海道西岸で北西季節風が吹く中で、北海道北部（稚内、利尻、礼文島など）で、北東風が吹き、季節風との間で明瞭な風のシアー*が形成されたことがわかります。さらに、夜間内陸からの陸風に入れ替わった地域では、この陸風の先端でもうひとつのシアー*が形成され、これら複雑な風の場で、メソβスケールの渦が発生したことがわかりました（図２・６）。この渦の微細構造は、羽幌町に設置した気象レーダーで捉えることができました（図２・７）。レーダーエコーの時間変化をみる

＊明瞭な風のシアー
図２・６のshear-I。北西風と北東風とがぶつかるところ。

＊もうひとつのシアー
図２・６のshear-II。北西風と弱い東風がぶつかるところ。

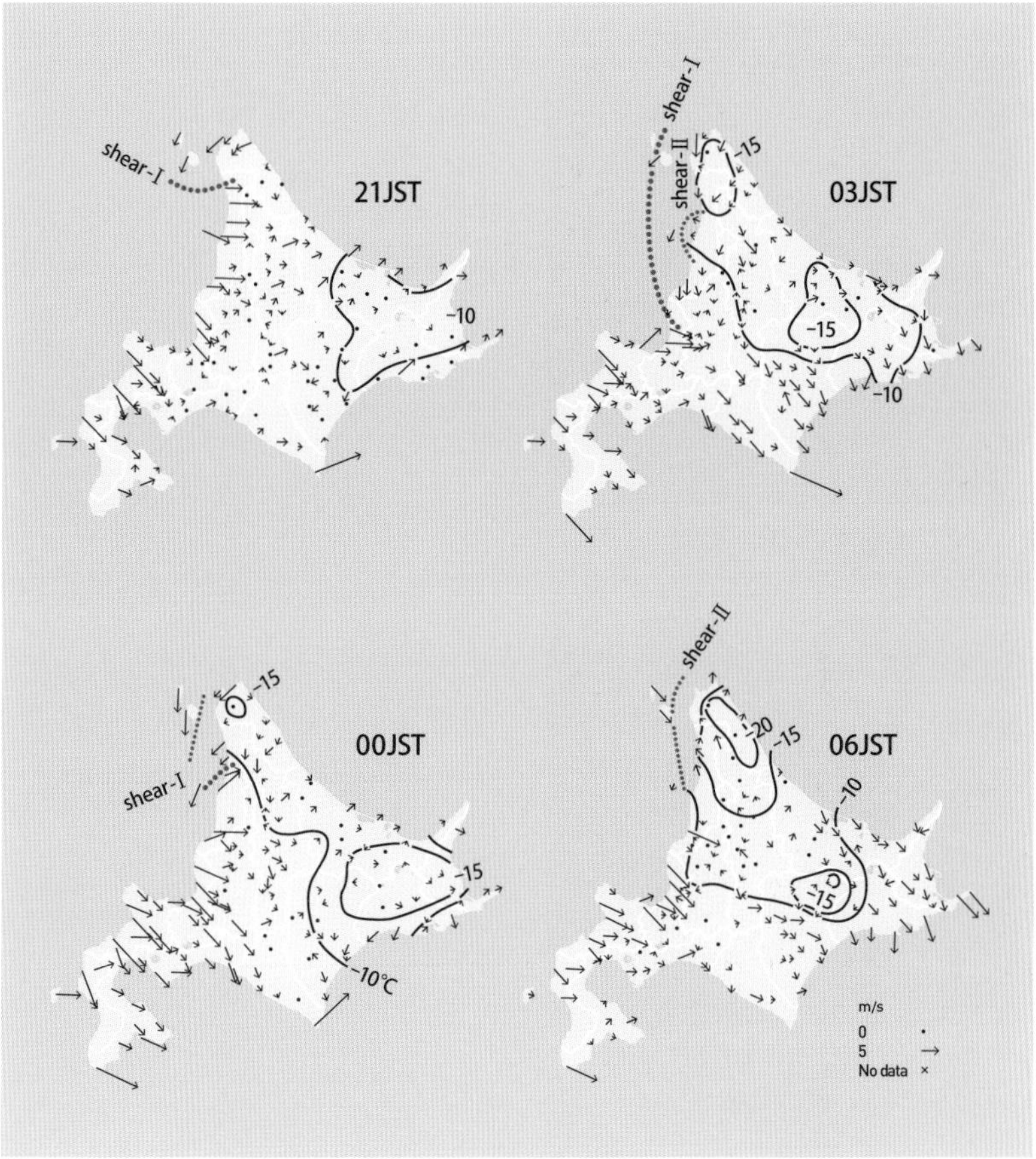

図2.6　1987年１月14日21時から15日６時までのAMeDASの地上風（ベクトル）と地上気温（実線）分布

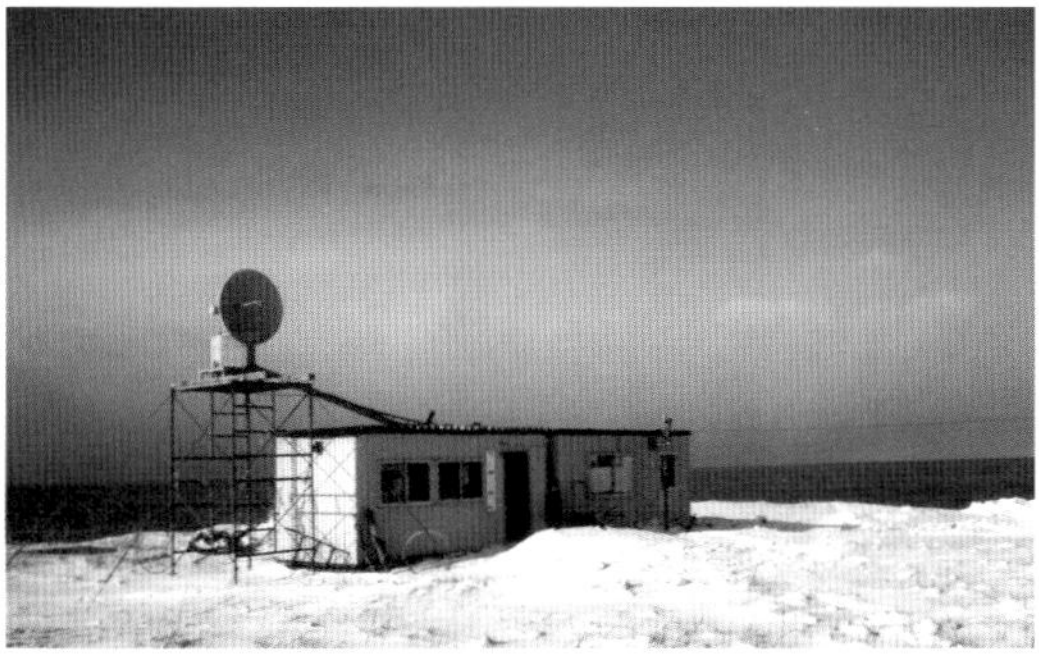

図2.7　羽幌町の海岸に設置された北海道大学理学部レーダー

と、強い反射強度を有したバンドが湾曲しながら渦列が形成されていたことがわかります。渦の中心はエコーがなく、エコーフリー（echo free）領域が存在します（図2・8）。この渦列の形成過程は、シアー不安定下の渦形成の典型例といえます。ちょうど渦列のひとつの渦がレーダーサイトに上陸した時の地上観測記録をみると、激しい突風が観測され、風速の自記記録には渦の中心通過時に風速が一端弱まるという、台風通過時と極めて似ている風速分布が観測されました（図2・9）。同時に、気温と気圧も変化し、相対的に寒冷な北東風と暖かく湿った南西季節風とがぶつかったことがわかります。すなわち、このメソβスケールの渦列は、異なった気流の収束帯、つまりシアーゾーンで励起されたことが示唆されます。

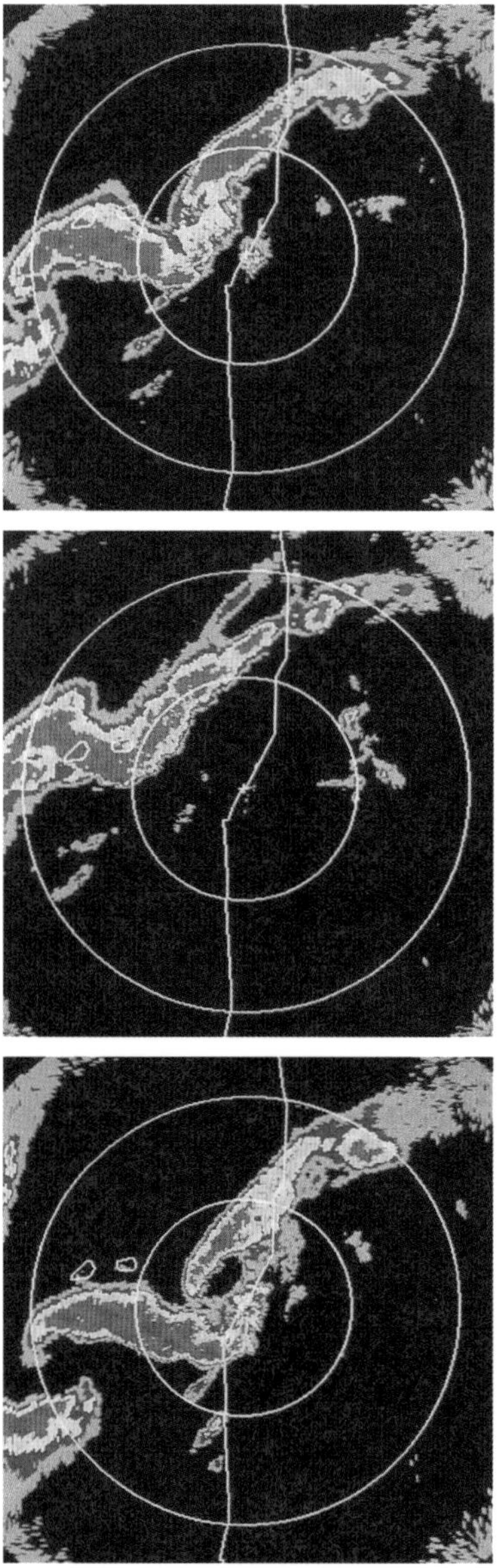

図2.8　1987年１月14日23時40分と15日０時０分、０時15分のレーダー画像

中心は羽幌レーダーサイトをレンジはそれぞれ20㎞と40㎞を示す。

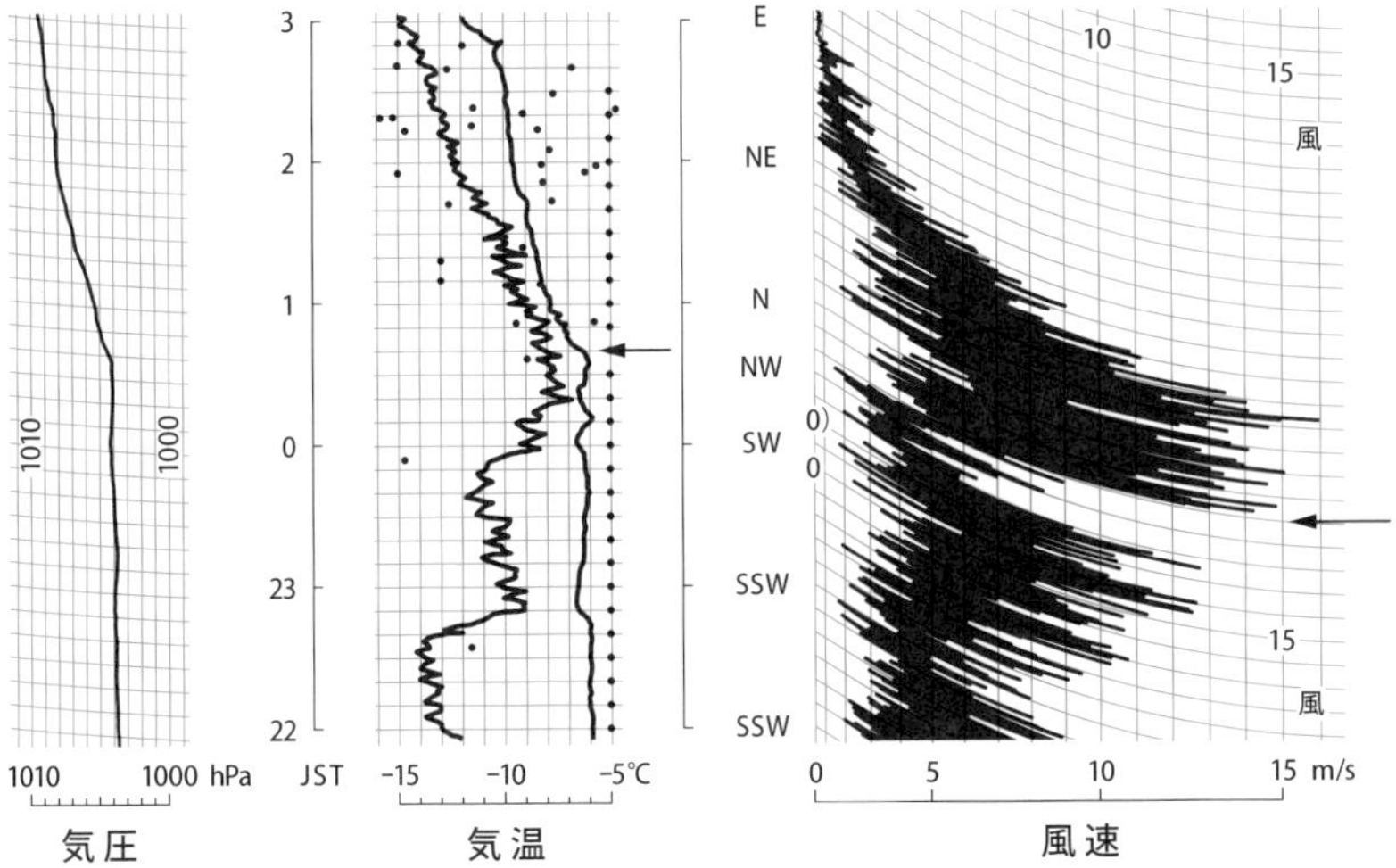

図2.9　羽幌レーダーサイトで観測された地上気圧、地上気温、風向風速の時系列

冬の日本海

2.4 JPCZの観測

レーダー気象学において、１９９０年代後半は大型プロジェクトの時代であり、大学や研究所に整備されたドップラーレーダーを持ちより、集中観測を行う気運が高まり、日本の気象災害で最も重要な、豪雨、豪雪の観測が始まりました。夏は梅雨前線（九州）、冬は日本海の雪です。梅雨前線の観測は１９９９年から始まり、その後２００１年から冬の観測が実施されました。北陸を中心とした日本海沿岸に複数のドップラーレーダーを展開した、わが国初めてのビッグプロジェクトで、「冬季日本海メソ対流系観測（WMO：Winter MCSs Observation）」と名付けられ、海岸線に設置されたドップラーレーダーの他に、ラジオゾンデ観測*、地上気象観測等を実施し、航空機観測*も行いました（図2・10）。

地上観測は、ドップラーレーダー*、ミリ波レーダー*、ドップラーソーダ*、地上気象自動観測装置（ウェザーステーション）を設置して連続観測が行われ、さらに、強化観測期間（1月に1週間ずつ2回設定）には、気象庁の海洋気象観測船（清風丸、長風丸）と気象観測用航空機G-IIによる、海洋観測、航空機観測も実施され、気象台（秋田地方気象台、輪島測候所、米子測候所）、観測船、福井県三国町（現坂井市）では、1日8回の高層ゾンデ観測が行われました。

観測参加機関は、東京大学、京都大学、名古屋大学、九州大学、福島大学、大阪電気通信大学、防衛大学校、気象研究所、通信総合研究所、気象庁などオールジャ

＊ラジオゾンデ観測
ラジオゾンデ（radiosonde）は、高層気象観測の測器で、radio（無線）とsonde（探測）の造語である。気圧、気温、湿度、風向風速のセンサーと送信機とから成る。実際には、気球にパラシュートとラジオゾンデをつるして飛揚させる。

＊航空機観測
95GHz帯の雲レーダーを搭載して観測した。

＊ドップラーレーダー
マイクロ波帯の気象レーダーで、Xバンド（波長３cm）帯ドップラーレーダー。

＊ミリ波レーダー
波長１mmの気象レーダー。降水粒子（直径1mm）だけでなく、雲粒子（直径１００μm）まで観測できるので、雲レーダーともよばれる。

＊ドップラーソーダ（Doppler sodar）
音波レーダー。音波を出して、温度成層からの反射波を測定し、高度１km程度までの風の鉛直分布を観測するリモートセンシング技術。ドップラーソーダによる観測は晴天時に適しており、海陸風などの局地循環、積乱雲周辺下層大気の環境場などを調べることができる。

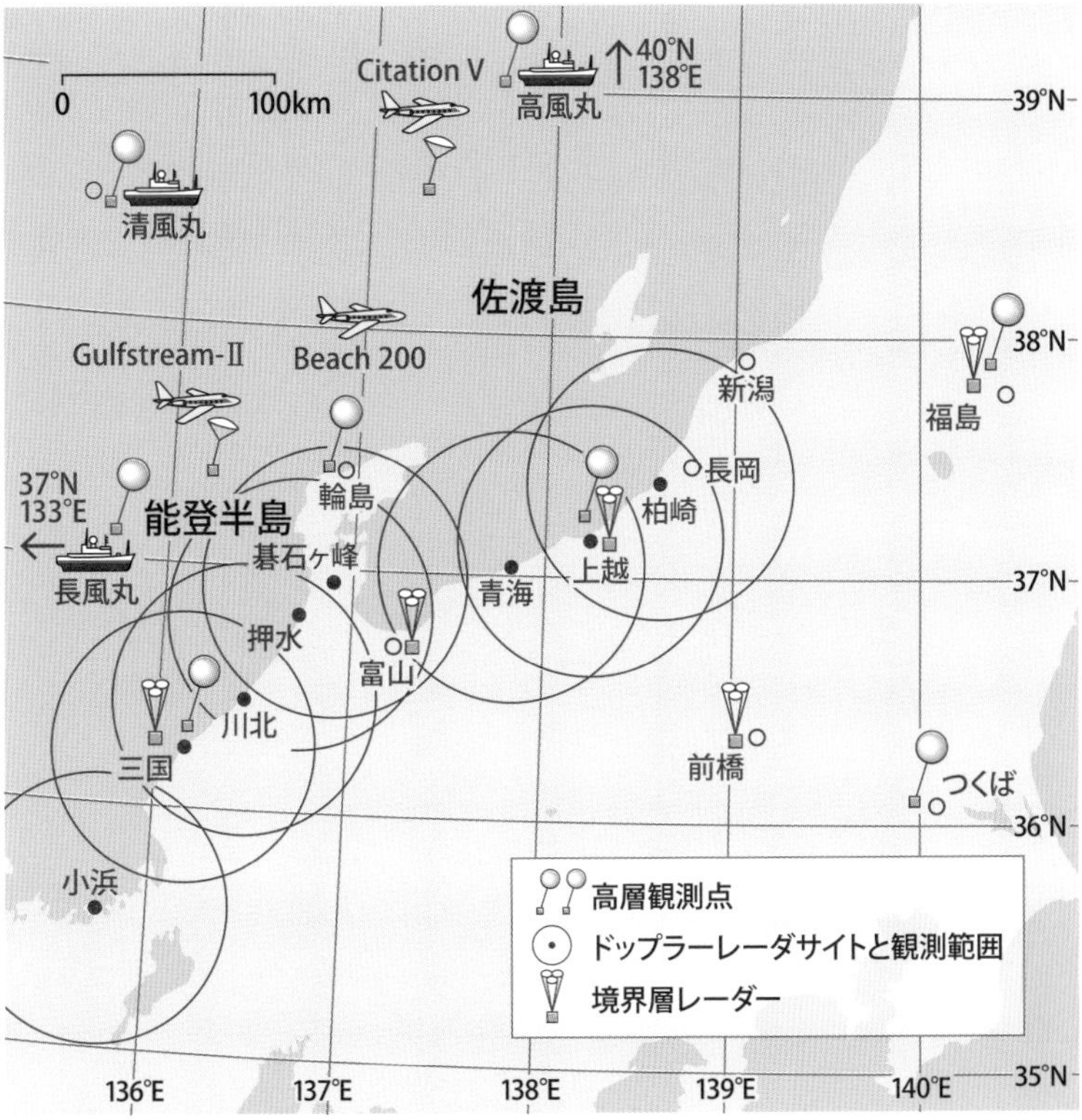

図2.10　冬季日本海メソ対流系観測計画（WMO：Winter MCSs Observation）

パン体制で臨み２００１年から３冬季実施され、WMO-01、WMO-02、WMO-03とよばれました。これらの観測には、多くの大学院生が参加し、暴風雪時や大雪時の過酷な観測を担ってくれ、マンパワー全開の古き良き時代の野外観測といえます。

２００１年１月は、北陸中心に十数年ぶりの豪雪に見舞われました。野外強化観測では、豪雨や豪雪などメソ擾乱は局地的であるため、事前に設定した特別観測期間中にその現象がヒットすることは極めて稀《まれ》といえ、全くかすらないことも多い中、貴重なデータを得ることができた観測といえます。普段積雪の少ない海岸線も短時間で数十cmの積雪が観測され、レーダーや観測サイトの除雪に追われました（図２・11）。当時、移動用レーダーのパラボラにレードーム*などはなく、パラボラに付着する雪を取る必要がありました。

また、幹線道路の除雪は行われてもそれ以外の場所はなかなか進まず、特に観測サイト*では、あっという間に車が雪に埋まってしまいました。ただ、絶好の観測機会ですから、レーダーのお守りと３時間間隔のゾンデ観測（図２・12）を続けながら、合間に除雪を行いなんとか乗り切りました。

具体的な観測結果を紹介しましょう。２００１年１月15日の豪雪は、Ｔモードの降雪バンドが断続的に上陸した結果、沿岸の平野部で記録的な積雪が記録されました。ドップラーレーダーの鉛直スキャン観測*で得られた、降雪雲の鉛直構造の時間変化をみると、降雪バンドは幅数km、エコートップが高度４kmに達するような構造を有し、最大反射鏡度は40dBZ以上の発達したエコーが確認できました。降雪バンド

＊レードーム
レーダーとドームを組み合わせた言葉でアンテナを保護するもの。

＊観測サイト
研究室のレーダーは北陸電力の実験場に設置した。

＊鉛直スキャン観測
RHI（Range Height Indicator）観測。

図2.11　豪雪中のドップラーレーダー（三国レーダーサイト）

図2.12　三国レーダーサイトにおけるゾンデ観測の様子

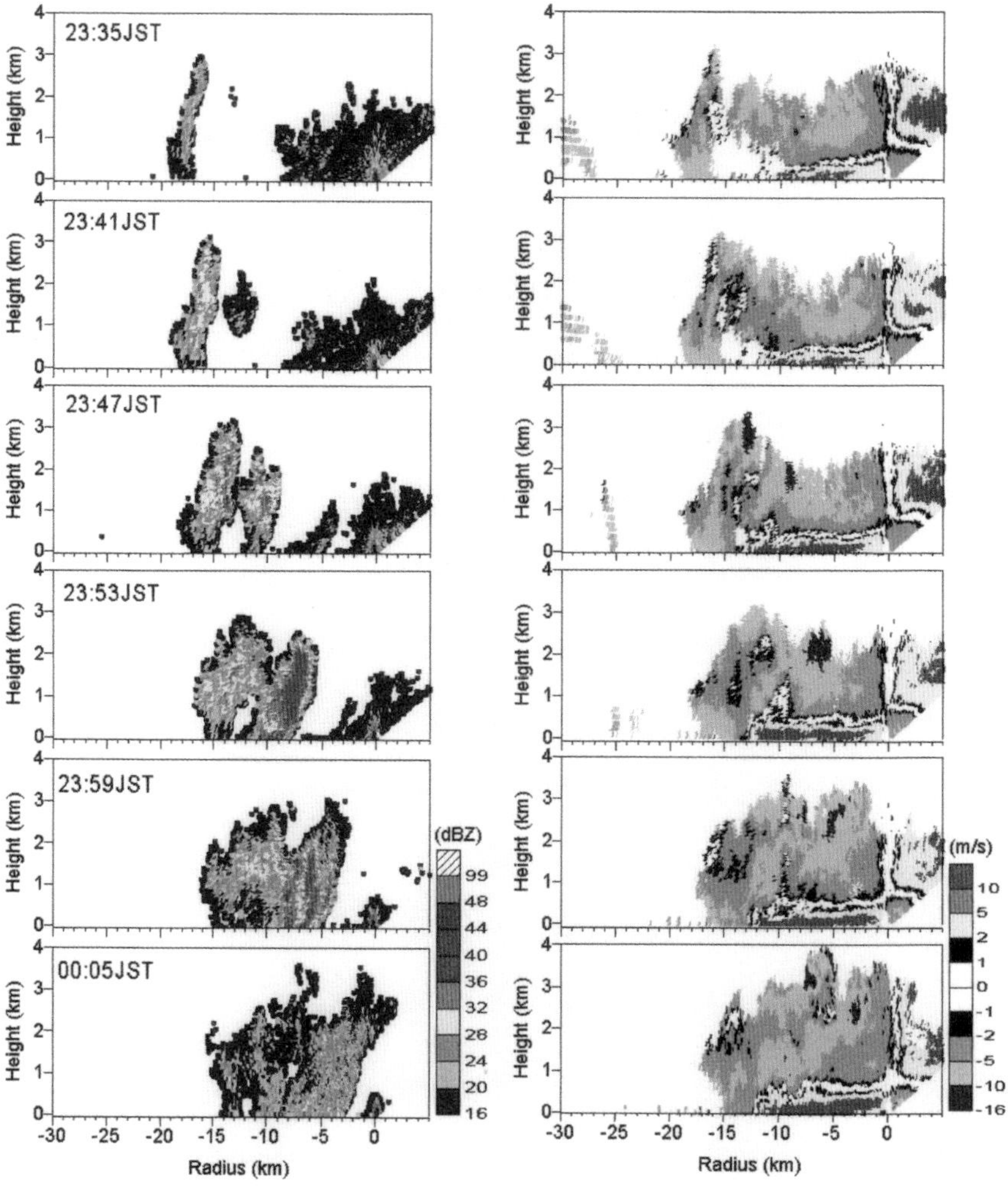

図2.13　2001年1月15日の豪雪をもたらした降雪バンドの鉛直構造
（左：反射強度、右：ドップラー速度）

は海岸線で発達し、内陸から吹き出した高度500mの陸風との収束で強化されたことがわかりました（図2・13）。当日は、このようなバンドが計12本周期的に上陸することで、結果的に降水量が増加しました*。降水粒子は1cm程度の大雪片であり、高度1kmで平均1・2m／sの下降流が観測されました。つまり、大粒径の雪がゆっくりと降り、しんしんと積もっていく「里雪型」の降雪でした。

翌2002年1月の観測ではJPCZ上で形成される複数の渦状エコーの観測に成功しました。1月28から29日にかけて、JPCZ上でさまざまな渦が発生しました。28日の午前中からJPCZに沿って渦列が形成されていた中で、13時ごろから朝鮮半島の付け根付近で発生した渦は17時には日本海中央部に達し、直径数百kmのスケールを有していました。さらに、この渦の内部と近傍には複数の直径数十kmの渦が発生して複雑な様相を呈しました（図2・14）。これらの渦は気象レーダーでは直径20～40kmのフックエコー（hook echo）として観測され、エコートップは高度5kmと非常に発達したエコー構造を有していました。これらの渦状エコーは、29日1時ごろ新潟から若狭湾にかけて上陸して消滅しました。上陸時には、雪アラレ、突風、落雷が断続的に観測されました。

その後もJPCZで形成される降雪雲の観測研究は、さまざまなプロジェクトが継続しており、現在も観測船を用いた特別観測が実施されています。気団変質による降雪はあたりまえの現象のように思われがちですが、メソスケールの観点からは、さまざまな現象の理解や予測には、まだ時間が要するのが現状といえます。

＊降水量が増加
降水量で36㎜、積雪で70㎝を観測。

悪天候のときこそ
観測のチャンス！

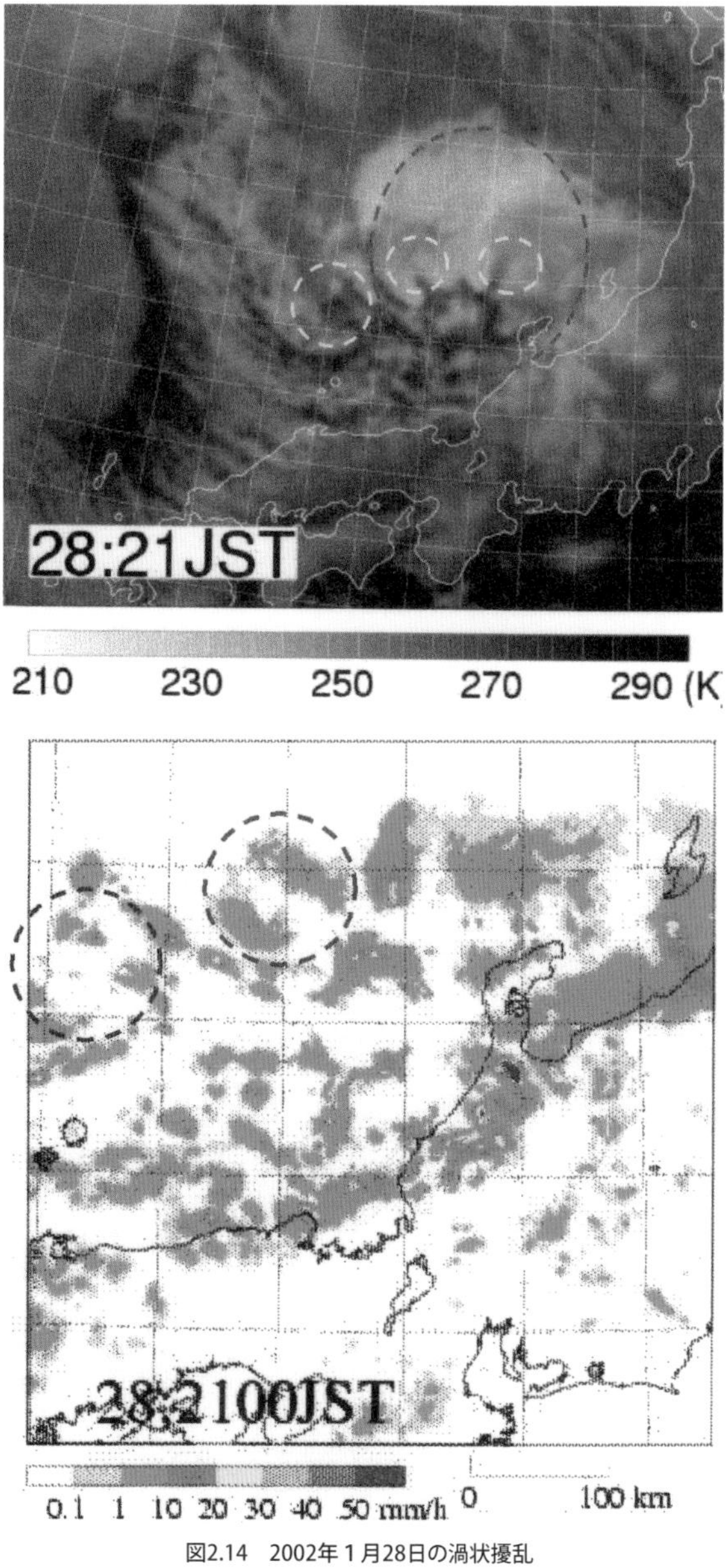
28:21JST
210 230 250 270 290 (K
28 2100JST
0.1 1 10 20 30 40 50 mm/h
0 100 km

図2.14　2002年１月28日の渦状擾乱

2.5 小さな低気圧ポーラーロウ

冬の日本海上には、さまざまなスケールの渦が発生します。渦状エコーとよばれる直径数十㎞の渦、メソ低気圧（小低気圧）とよばれる直径数十㎞から１００㎞程度のひとまわり大きな渦がしばしば発生します。これとは別に、さらに大きな寒気内で発生する低気圧をポーラーロウ（polar low）といいます。ポーラーロウは、寒気内低気圧あるいは極低気圧と訳されます。ポーラーロウは、天気図に解析される総観スケールの低気圧といえ、直径は数百㎞から１０００㎞に達します。現在、ポーラーロウは世界中で確認されており、極気団の寒気南下に伴い、偏西風が蛇行することが原因と考えられています。すなわち、寒気の南下で、南に伸びる波動が大きくなると、独立した循環が切り離され、このプロセスを切離過程といいます。寒気を伴った低圧部であるため、切離低気圧とよばれます。日本海上で発達したポーラーロウの衛星画像をみると、日本海全域を覆うような大きさの渦巻きであり、台風のようにみえます（図２・15）。これが〝真冬の台風〟といわれるゆえんです。ポーラーロウの発生メカニズムは、台風と似ており、熱帯の海上で発生するか、寒気内の海上で発生するかの違いです。つまり、海面からの熱と水蒸気の供給、大気の不安定（上昇流の発生）、渦の形成という条件が整うことが必要です。温帯低気圧は、寒気と暖気の境界で形成されるために、必ず前線（温暖前線、寒冷前線、閉塞前線）を有しますが、台風やポーラーロウは前線を伴わないのが特徴といえます。

寒気による吹雪

図2.15　ポーラーロウ（寒気内低気圧）

台風のレインバンド（インナーレインバンドとアウターレインバンド）と同様に、ポーラーロウでもスパイラル状のバンドが何本も確認できます。このバンドが上陸した地点では、数時間にわたって暴風雪が続き、交通機関や市民生活等屋外における活動がマヒしてしまいます。

ポーラーロウは発達することが多く、爆弾低気圧*とよばれることもあります。ポーラーロウが上陸すると、暴風雪や落雷を伴った冬の嵐となり、広域でホワイトアウトが起こり、死に至ることもあります。また、数百kmスケールのポーラーロウに伴い、しばしば竜巻（winter tornado）も発生します。日本で発生したポーラーロウに伴う竜巻の発生場所をみると、F1スケール

*爆弾低気圧
欧米で用いられているbombの訳。緯度φにおいて低気圧が24時間に、24（sinφ/sin60）hPa（ヘクトパスカル）以上中心気圧が降下した温帯低気圧。北緯45度で計算すると、約20hPaとなる。2012年4月3日に日本海で発達した低気圧のように、半日で20hPaの気圧降下を示した稀な事例もある。厳密には、ポーラーロウは温帯低気圧ではないが、発達率をもってこうよばれることもある。

以上の主な竜巻は、ポーラーロウ中心から８００㎞以内の北東～南西領域で発生していました。ただし、海上における発生はわかりません。台風と異なり、ポーラーロウは未知の部分が多く残されています。

3章　発生メカニズム

3.1 豪雨豪雪の発生要因

積乱雲は発達すると水平スケールで数十kmにも広がりますが、さらに積乱雲は複数で群れをなしたり、あるいは1個の巨大な積乱雲に成長したりします。このような現象を、積乱雲の組織化*といいます。線状降水帯は組織されたマルチセルの一形態といえます。本章では、さまざまな組織化されたマルチセルの形成メカニズムを詳しくみていきましょう。

豪雨豪雪をもたらすメソ対流システムの時空間スケール

集中豪雨や豪雪をもたらすのは、いずれも積乱雲ですが、積乱雲が群れをなした時に災害に直結する記録的な降水量が観測されるといってよいでしょう。一般的に、メソスケール（中小規模）といっても、数kmから数百kmと幅があり、現象も異なります。現在、メソスケールの空間的大きさは、次のように細分化されています。積乱雲1個のスケールに相当する、数kmから10km程度をメソγスケール（2～20km）、積乱雲群に相当する、数十kmから数百kmをメソβスケール（20～200km）、さらに積乱雲群を形成するメソ低気圧など数百kmをメソαスケール（２００～２０００

＊積乱雲の組織化
英語のorganizationを訳したもの。

豪雨豪雪をもたらすマルチセルは、多くのシングルセルが誕生と衰退で置き替わりながら長時間滞留します。そのシステムについて、イラストなども参考にしつつみていきましょう。
小林

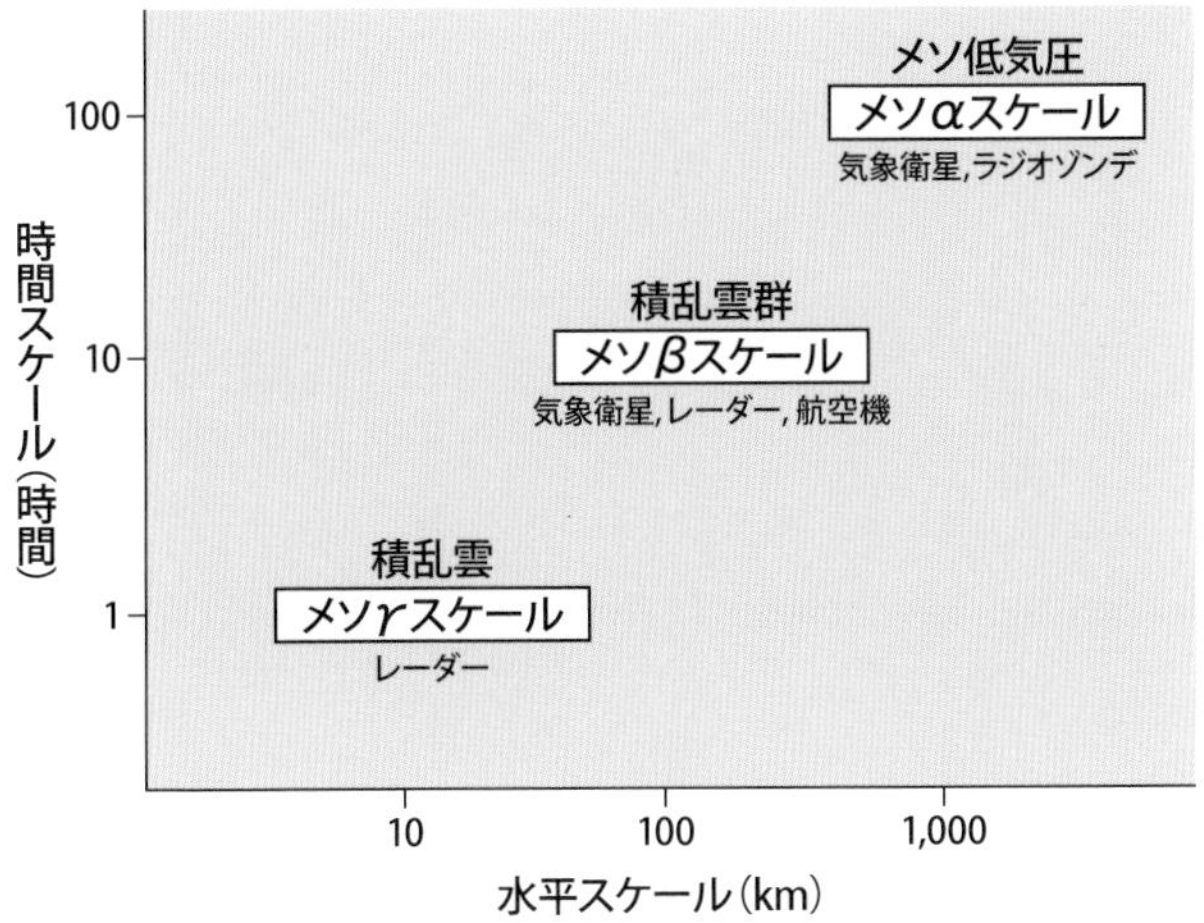

図3.1　メソスケール現象の時空間スケール

㎞）と分類されます（図３・１）。現象の時間スケールと空間スケールは一対一に対応していますから、大雑把にいえば、メソγスケールは１時間、メソβスケールは10時間、メソαスケールは１００時間（数日）となります。

　メソαスケールの現象であれば、気象衛星*からの観測で十分把握することが可能です。メソβスケールの現象は、気象衛星に加えて気象レーダー*の観測が必要となります。メソγスケールになると、通常の気象レーダーでは粗いため、高分解能のレーダー*観測が必要となるのです。発生から発達、衰弱まで刻々と変化する積乱雲を把握するためには、時間分解能1分、距離分解能10ｍの精度が欲しいところです。

＊**気象衛星**
静止気象衛星の可視画像の距離分解能は１㎞、赤外画像は約４㎞である。

＊**気象レーダー**
波長数㎝のマイクロ波帯気象レーダーの距離分解能は、ビーム方向で１００ｍ程度となる。

＊**高分解能のレーダー**
距離分解能が１～10ｍ程度の解像度が必要。

豪雨・豪雪の要因

梅雨前線や台風などさまざまな大気現象に伴い、各地で集中豪雨が発生し、しばしば甚大な被害が生じます。まず、集中豪雨・豪雪の要因をまとめましょう。1000㎞くらいの大きなスケール*でみると、①低気圧、前線、台風などの大規模な大気現象を伴う場合と、②大規模な大気現象を伴わないもの*に大別できます。言い換えると、積乱雲の発生の仕方の違いともいえます。温帯低気圧や台風など大規模現象は、内部構造として自分の中に上昇流を作り出し、いわば強制的に積乱雲を生み出し続けます（強制対流）。それに対して、大規模な現象を伴わない場合は、大気が不安定になり自然発生的に上昇流が形成される必要があります（自由対流、あるいは熱対流）。

① 天気図に現れるような大規模な現象、温帯低気圧、停滞前線、台風などでは、前線面やスパイラルバンドなど大気現象自体の持つ強い上昇流域で、特徴的な積乱雲が形成されます。例えば、低気圧の寒冷前線周辺や暖域、停滞前線周辺やその南側、台風中心付近の壁雲やレインバンドなど、固有な構造を有しています（図3・2）。そこでは、下層収束*が強まり、前線面で滑昇する上昇流が形成され、積乱雲が発達します。

② 大規模な大気現象が存在しない場合、比較的安定な時にも豪雨や豪雪が発生します。これらはモンスーン*、つまり季節風卓越時の現象として捉えることができます。夏のモンスーンは、太平洋高気圧に覆われた安定した夏型の気圧配

＊1000㎞くらいの大きなスケール
総観スケール、シノプティックスケール、マクロスケールなどとよばれる。

＊大気擾乱が存在しない場合、気団内の現象のことが多い。

＊下層収束
上昇流が形成される原因であり、対流にとって重要なメカニズムのひとつ。積乱雲の発生、台風や前線、あるいは竜巻などで広くみられる。

＊モンスーン（monsoon）
季節風のこと。

置下で、太平洋からの南風が卓越します。冬のモンスーンは、西高東低の気圧配置下で、北西の季節風が日本海を渡って日本列島に達します。モンスーン卓越時には安定した気団である高気圧*に覆われますが、夏は暖かく湿った空気塊が南の海洋上から日本列島に流れ込み、さらに地表面は日射による加熱で不安定になります。冬は対馬暖流の流れている日本海上に寒気が進入して、熱と水蒸気を得ながら下層の大気が不安定になり、対流が発生するのです（気団の変質）。「夏型」の日は、強い日射により地表面が加熱され、海風により水蒸気が輸送され、陸上で対流が活発になります。「冬型」の日は、上空の強い寒気が相対的に暖かい暖流上で加熱され、海上の多量な水蒸気が雪雲のもととなります。いずれの場合でも、積乱雲のエネルギー源である「熱」と「水蒸気」がきちんと用意されているのです。

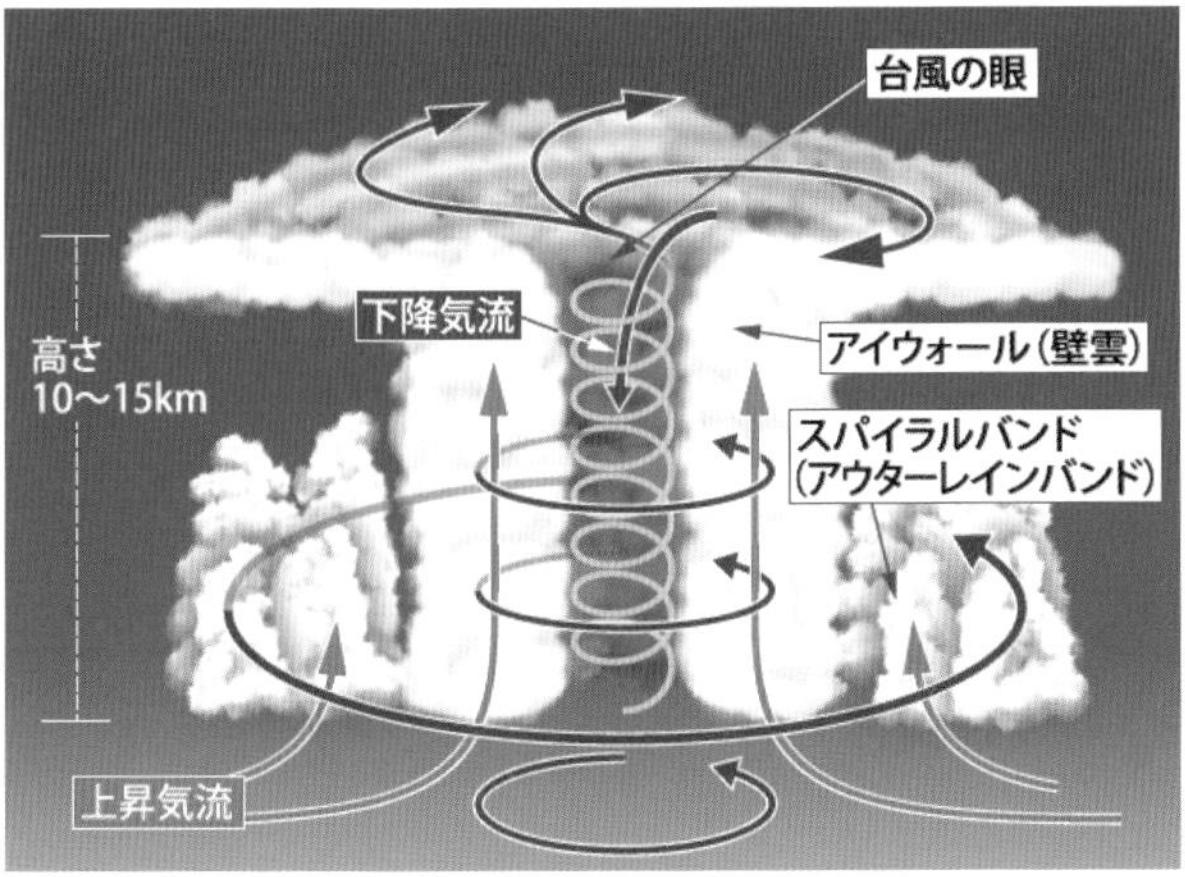
台風の眼
下降気流
アイウォール（壁雲）
高さ
10～15km
スパイラルバンド
（アウターレインバンド）
上昇気流
図3.2　台風の断面図

*安定した気団である高気圧
日本列島は、夏は温暖、湿潤な小笠原気団、冬は寒冷、乾燥したシベリア気団により、季節が明瞭となる。小笠原気団は海洋性気団、シベリア気団は大陸性気団である。

夏の積乱雲

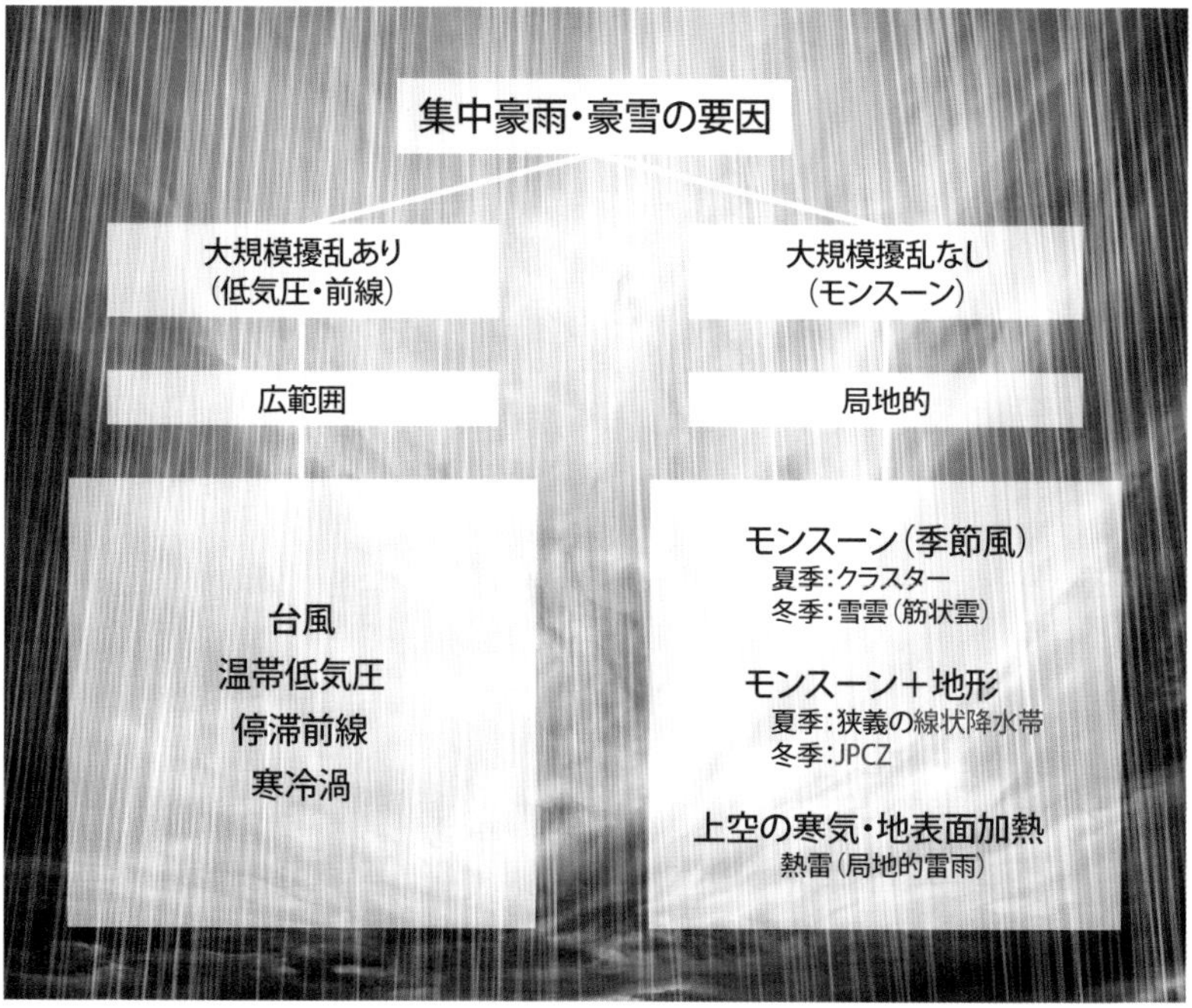
集中豪雨・豪雪の要因
大規模擾乱あり
（低気圧・前線）
大規模擾乱なし
（モンスーン）
広範囲
局地的
台風
温帯低気圧
停滞前線
寒冷渦
モンスーン（季節風）
夏季：クラスター
冬季：雪雲（筋状雲）
モンスーン＋地形
夏季：狭義の線状降水帯
冬季：JPCZ
上空の寒気・地表面加熱
熱雷（局地的雷雨）

豪雨・豪雪の要因

3.2 スコールライン

寒冷前線上の積乱雲列

水平スケールで1000㎞を超える長さを有する寒冷前線は、総観スケールの現象であり、暖気と寒気の境界です。寒気が暖気の下にもぐり込む形で、前線面上では上昇流が形成され、鉛直方向に積乱雲が発生します。長い前線面で強制的に対流が発生するために、寒冷前線に沿って積乱雲が何十何百と形成され、上空から見ると積乱雲の列を成します。この積乱雲列*は、気象衛星やレーダーで観ると、非常に幅の狭いバンドが前線に沿って形成されることがわかります。寒冷前線通過時の降水が短時間なのは、この幅の狭いレインバンドが理由なのです。レインバンドは、前線面に沿ってほぼ同時に形成され、前線とともに移動します。中身の積乱雲は、数十分で衰弱して消滅しますが、前線の移動に伴い、常に新しい積乱雲が前線面で発生するため、結果として同じ構造が維持されているようにみえるのです。前線面と進行方向、つまり積乱雲列の方向*と周囲の風向*は直交します。そのため、寒冷前線に直交するレインバンドの断面の構造はどこでも一緒*で、数十㎞という狭い範囲で積乱雲が形成されます（図3・3）。また、寒冷前線の後方は、相対的に乾いた寒気が進入するために、雲は発生しにくく、クリアー（晴れ）です。

＊**積乱雲列**
Narrow Cold Frontal Rainbandとよばれる。

＊**積乱雲列の方向**
前線の方向。

＊**周囲の風向**
前線前面の南風成分と前線後面の北風。

＊**断面の構造はどこでも一緒**
金太郎飴のような構造といわれる。

寒冷前線の構造

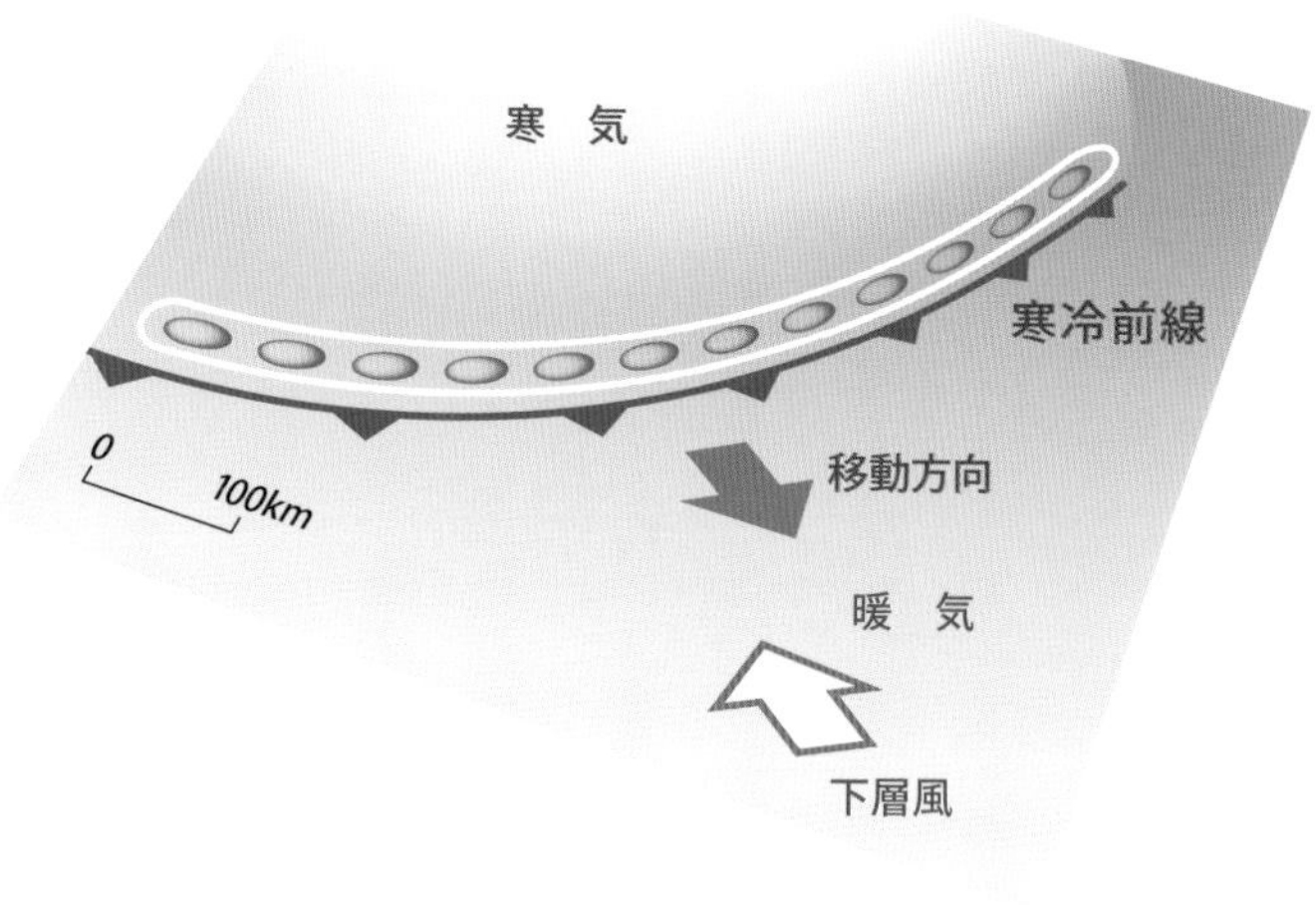
寒 気
寒冷前線
0
100km
移動方向
暖 気
下層風

スコールラインの構造

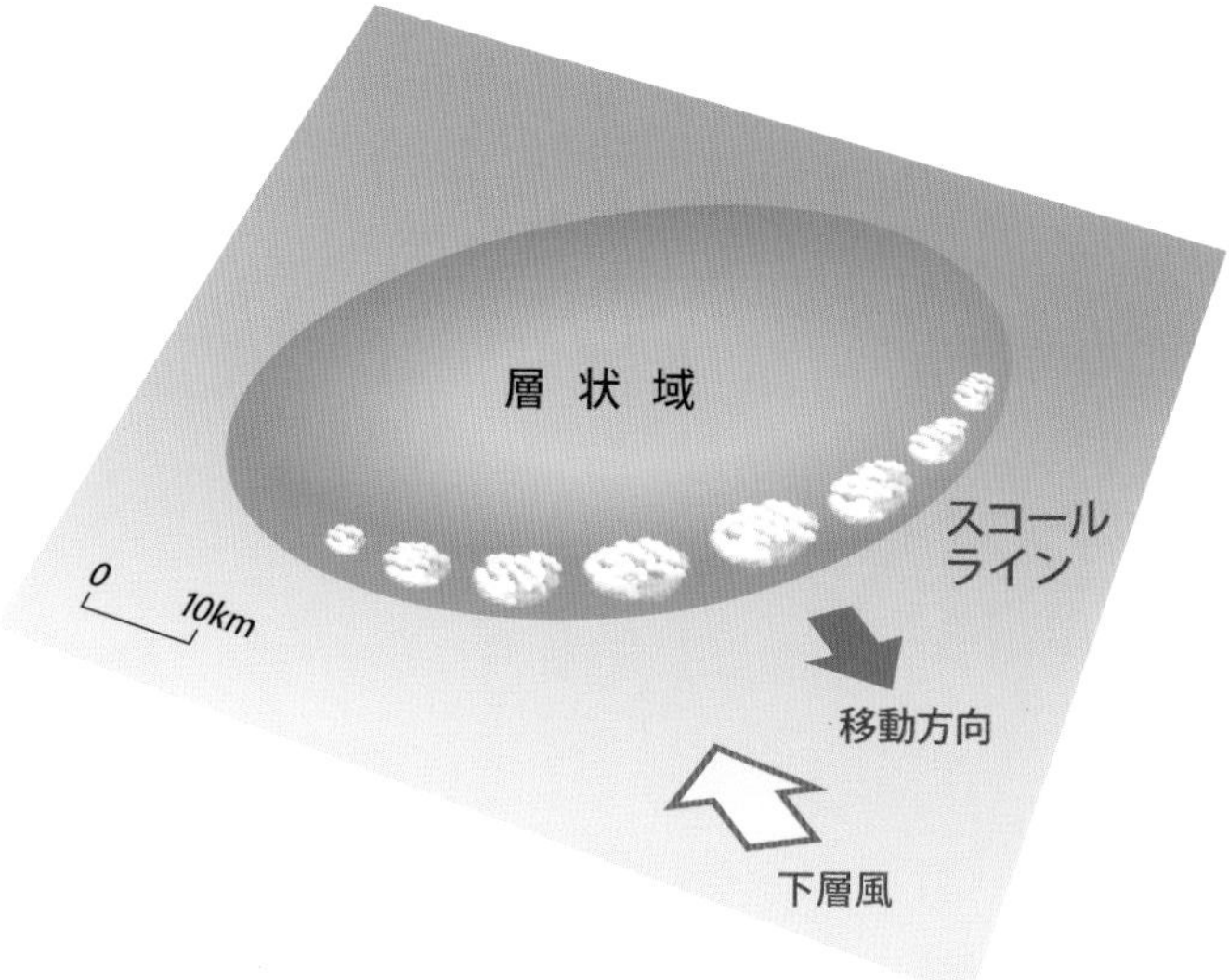
層 状 域
スコール
ライン
0
10km
移動方向
下層風

図3.3　寒冷前線とスコールラインの構造

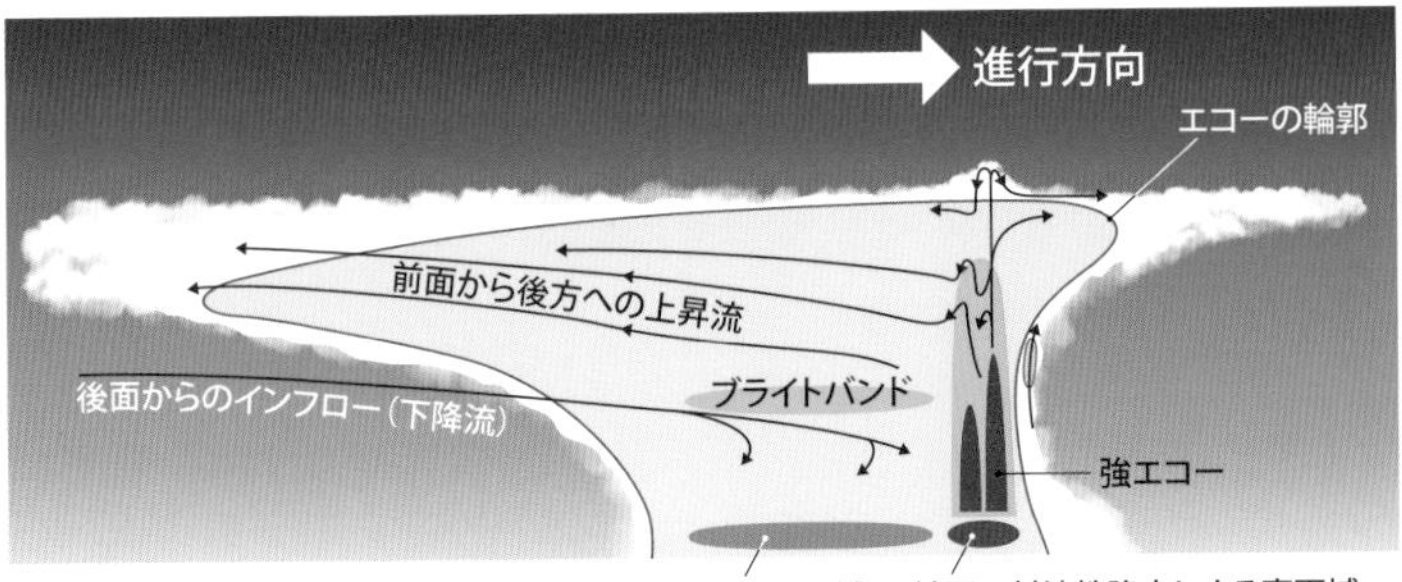
進行方向
エコーの輪郭
前面から後方への上昇流
後面からのインフロー（下降流）
ブライトバンド
強エコー
後面の層状性降水による降雨域
前面の対流性降水による豪雨域
図3.4　スコールラインの構造（断面図）

スコールライン（squall line）

スコールラインは、積乱雲が長さ数100㎞スケールで弧状に並んだもので、線状のメソ対流システムの1種といえます（図3・3）。「熱帯のスコール」*とスコールラインはほぼ同じものを指しており、熱帯、中緯度両方でみられます。スコールラインの特徴は、①その名前のとおり、動きが早い点と、②積乱雲列の後面には、かなとこ雲が広がり、レーダーで観ると層状性のエコーが広く分布している点にあります。つまり、スコールラインは、前面の対流性領域と後面の層状性領域を併せ持つメソ対流システムといえます（図3・4）。スコールラインは、寒冷前線の前方に形成されることが多いので、その環境場は寒冷前線とほぼ同様といえます。

スコールラインと寒冷前線の積乱雲列は、積乱雲の並び方や構造は非常に似ていますが、決定的な違いは後面に層状性領域を持つかどうかです。スコールラインとスーパーセルも似ていますが違

＊熱帯のスコール
日本でいう夕立のような一過性の雷雨。

熱帯地域のスコール

いはどこにあるのでしょうか。

スーパーセル（supercell）

積乱雲が急速に発達して、巨大な積乱雲となり、竜巻や雹《ひょう》をもたらすものをスーパーセル*とよびます。マルチセルと違うところは、上昇流と下降流がひとつの雲内で共存（住み分け）する点です。上昇流と下降流が3次元的にねじれて雲内で1つの循環系が形成され、スーパーセルの内部には、上昇流が最も強い領域に降水粒子が飛ばされた、ノーエコー領域*が存在します。降水域は、この強い上昇流域を取り囲み、前方上空にオーバーハング*エコーが存在するのが特徴です（図3・5）。平面的にスーパーセルをみると、上昇流域では降水がなく、その周りに降雹《こうひょう》域、その外側に強雨域が存在するという構造を示します。気象レーダーで観測すると、ドーナッツの真ん中のようにエコーのない領域*が存在し、その形状から、フックエコー*とよばれます。フックエコーの中心付近で竜巻が発生し、北側のフック状エコー領域では、ダウンバーストや降雹が生じるのです。強い上昇流と強い下降流が背中合わせで存在するスーパーセルの内部では、30m/sとか50m/sに達する上昇流域では竜巻が発生し、強い下降流域では、ダウンバーストや降雹・豪雨・落雷が観測されます。このように、上昇流と下降流が共存するスーパーセル内部では、竜巻とダウンバーストが隣り合わせで同時に発生します。

スーパーセルの発生条件は、大気の不安定に加えて、高さ方向に風が変化*するこ

＊スーパーセル（supercell）
レーダー気象学では、メソサイクロン（mesocyclone）を有する積乱雲をスーパーセルと定義する。メソサイクロンは、スーパーセル内部に形成される、直径数㎞～10㎞の循環であり、竜巻低気圧とよばれる。

＊ノーエコー領域
weak echo vault（エコーヴォールト）、echo free（エコーフリー）regionなどとよばれる。

＊オーバーハング
レーダーエコーが突き出した形状を指し、象の鼻のように見える。

＊エコーのない領域、エコーフリー
echo vaultあるいはecho free領域は、強い上昇流域の存在する領域であり、その北側には、echo vaultを取り囲むような強エコー域が存在し、そこでは強雨や降雹が観測される。

＊フックエコー（hook echo）
通常の気象レーダーで観測できる竜巻のサイン。

＊高さ方向に風が変化
上空に向かって時計回りに風向が変化し、風速が強まる環境。風の鉛直シアーという。

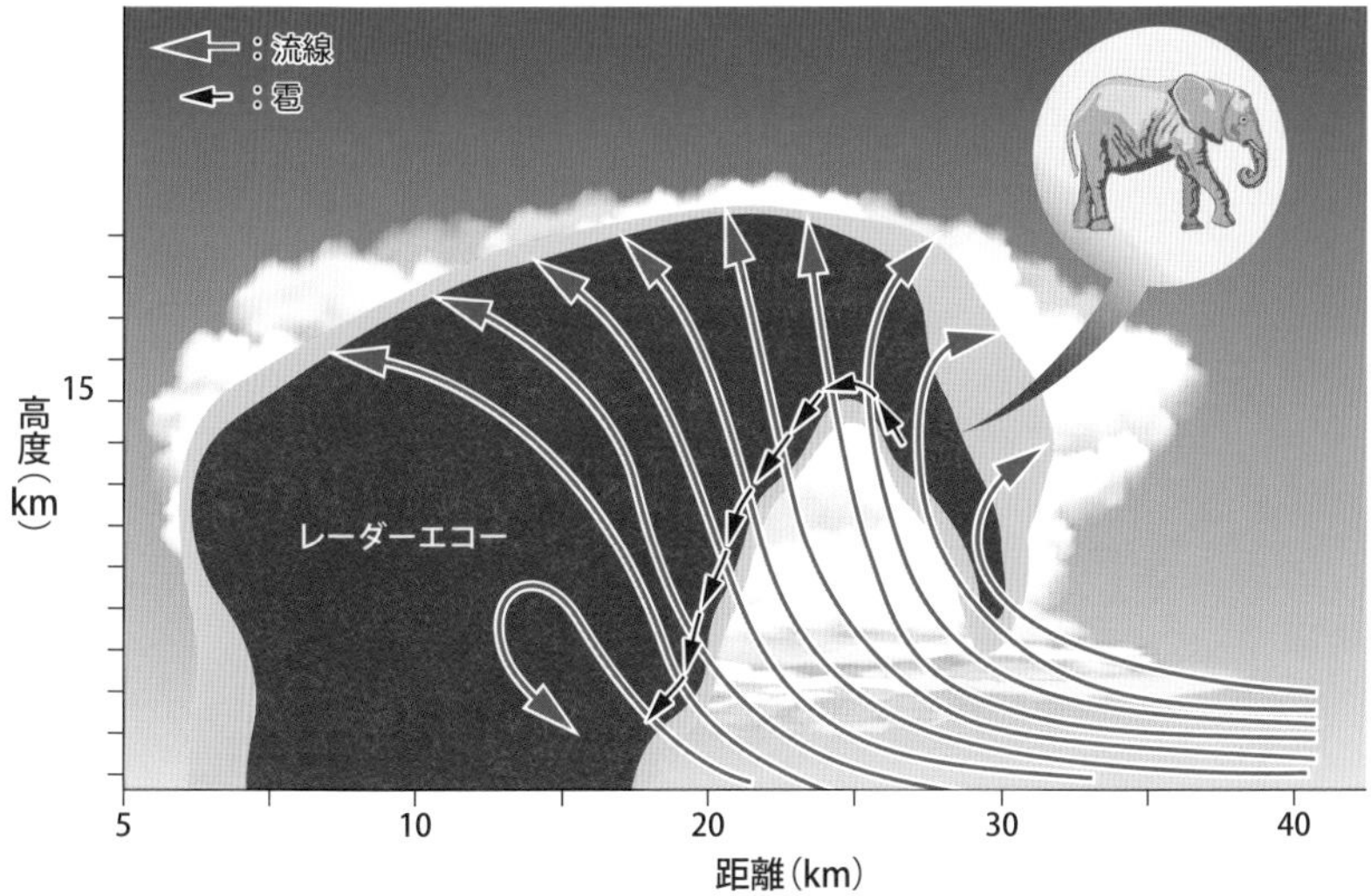

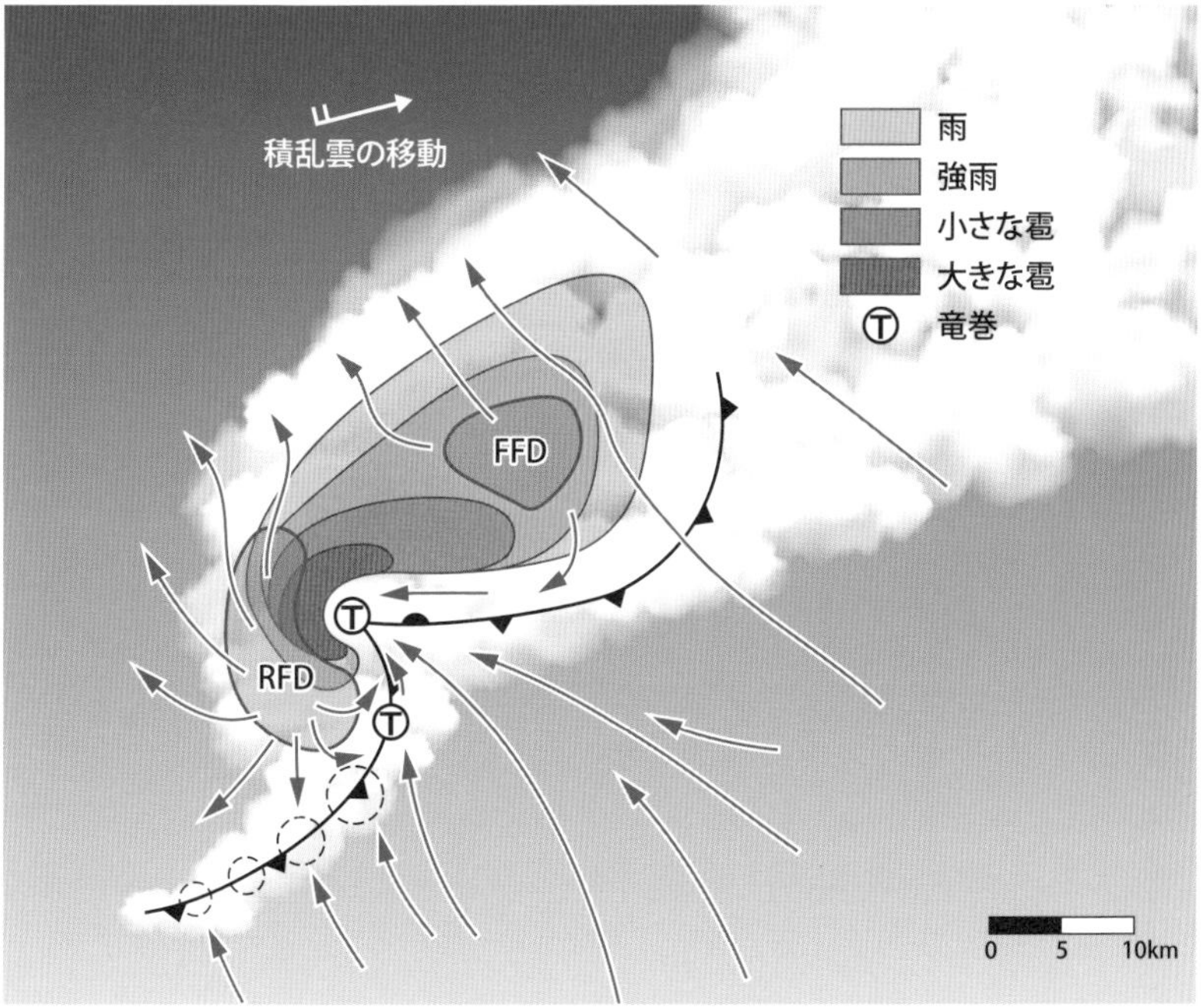

図3.5　スーパーセルの構造

（上）鉛直断面図と（下）降水分布と気流の水平断面図。

とが必要条件です。スーパーセルが発生する時の環境場の特徴として、地上付近で南風、中層（高度3～5㎞）で南西から西風、それより高い高度では、西から北西風が卓越するという、風の鉛直シアーが存在します。スーパーセルでは、南東から入り込んだ多量の水蒸気を含んだ暖かい空気は、ガストフロント上で上昇し、そのまま上空圏界面まで達し、その気流は前面（東方向）に抜けます。一方、中層で西から積乱雲に入り込んだ乾いた気流は、上昇流を邪魔しないように、上昇流の隣で下降気流*と一緒になり地面に達します。乾いた空気が入り込むと、降水域では蒸発が進み、蒸発による冷却*で空気は重くなり、下降流速は増します。この下降流は、次のような役割を果たします。

① 上昇流を打ち消さない点
② 強められた下降流は地上でガストフロントの収束を強める点
③ その結果、強い上昇流が生じる点

特に、後方側面のガストフロント*上における収束が重要であり、この前線上で竜巻の渦の卵が形成されます。地上で観測すると、このガストフロント（gust front）が顕著であり、突風を伴いながらなめるように進行していきます。つまり、スーパーセルで形成されるガストフロント部分の構造は、寒冷前線やスコールラインの前面と類似した構造といえるのです。

***下降気流**
ダウンドラフト（downdraft）。

***蒸発による冷却（evaporation cooling）**
ダウンバーストの発生原因のひとつ。

***ガストフロント（gust front）**
スーパーセルの下降気流は前方側面（Forward Flank Downdraft：ＦＦＤ）と後方側面（Rear Flank Downdraft：ＲＦＤ）の2か所存在するが、ＲＦＤにより形成されるガスフロントが竜巻発生にとって重要となる。

3.3 バックビルディングとフォワードビルディング

狭義の線状降水帯は、風上側のある1点で新しいセルが発生する積乱雲列ですが、そのメカニズムはバックビルディング（back building）型とよばれます。進行方向後方で次々と積乱雲が並び立つことから命名されました。対語は、フォワードビルディング（forward building）です。これは、進行方向前方（風下）に新しいセルを生成するマルチセルのことであり、気象学上ではフォワードビルディング型の方が昔から研究対象になっていたマルチセルです。

自己増殖型のマルチセル（フォワードビルディング）

フォワードビルディング型のマルチセルというのは、自分で新しい積乱雲を作り続けるので自己増殖型ともいわれます。一般に、積乱雲の下降気流は地面に達すると、四方八方に広がります。相対的に冷たい下降流が地上にぶつかると、密度の高い冷気は地面を発散するために、アウトフロー*とよばれます。アウトフローの先端は、周囲の暖かく湿った空気との間に前線を形成し、この前線を突風前線（ガストフロント）といいます。ガストフロントは、ミニチュアの寒冷前線のような構造を有していますから、そこでは周囲の暖かく湿った空気が上昇して新しい雲（積雲あるいは積乱雲）が形成されます。フォワードビルディング型のマルチセルは、既存のセルからの下降流によって形成されたガストフロントに沿って新しい上昇流が形

*アウトフロー
日本語では、冷気外出流と訳される。

成され、そこで新しいセルが発生するのが特徴です。

マルチセルの断面図をみると、最盛期をむかえた既存のセル（n－1）はその後消滅する運命にありますが、新しいセル（n）が発生してこのnセルが発達することで、同様なプロセスでその前面にはさらに新しいセル（n＋1）が発生を繰り返します（図3・6）。シングルセルは下降流が上昇流を打ち消すことで雲が消滅しますが、マルチセルでは積乱雲内部とその前面でうまく下降流域と上昇流域が出来上がり、自分で新しいセル（子ども）を生み続け、自己増殖メカニズムが出来上がるのです。進行方向前面に常に新しいセルを発生することを繰り返すことで、あたかもひとつのシステムが持続するようにみえます。規則的なマルチセルを平面的にみると、ライン上に並んだセルの南側に新しいセルが発生し、北側で消滅を繰り返し、セルの入れ替わりが常に行われることでシステムが維持されます。すなわち、個々のセルの移動方向（北東）と、システム全体の伝播《でんぱ》*方向（東）がズレることが重要であり、このズレによってシステムが長続きするのです（図3・6下）。

バックビルディング型のマルチセル

バックビルディング型の積乱雲は、ある1点でセルの発生が続くのが特徴です。発生したセルは風下側に移動して衰弱しますが、新しいセルは風上側で発生し続けるというプロセスを繰り返して、結果として雲全体は停滞して長続きします（図3・7）。フォワードビルディング型の積乱雲は、新しいセルを自分で作る*必要があり

*システム全体の伝播
組織化されたマルチセルは、進行方向前面に新しいセルを形成するので、「移動」ではなく「伝播」するという。

*自分で子どもを生む自己増殖型に組織化する必要がある。

一口に線状降水帯といっても
条件を満たす過程や
メカニズムには色々あるんだよ。
成

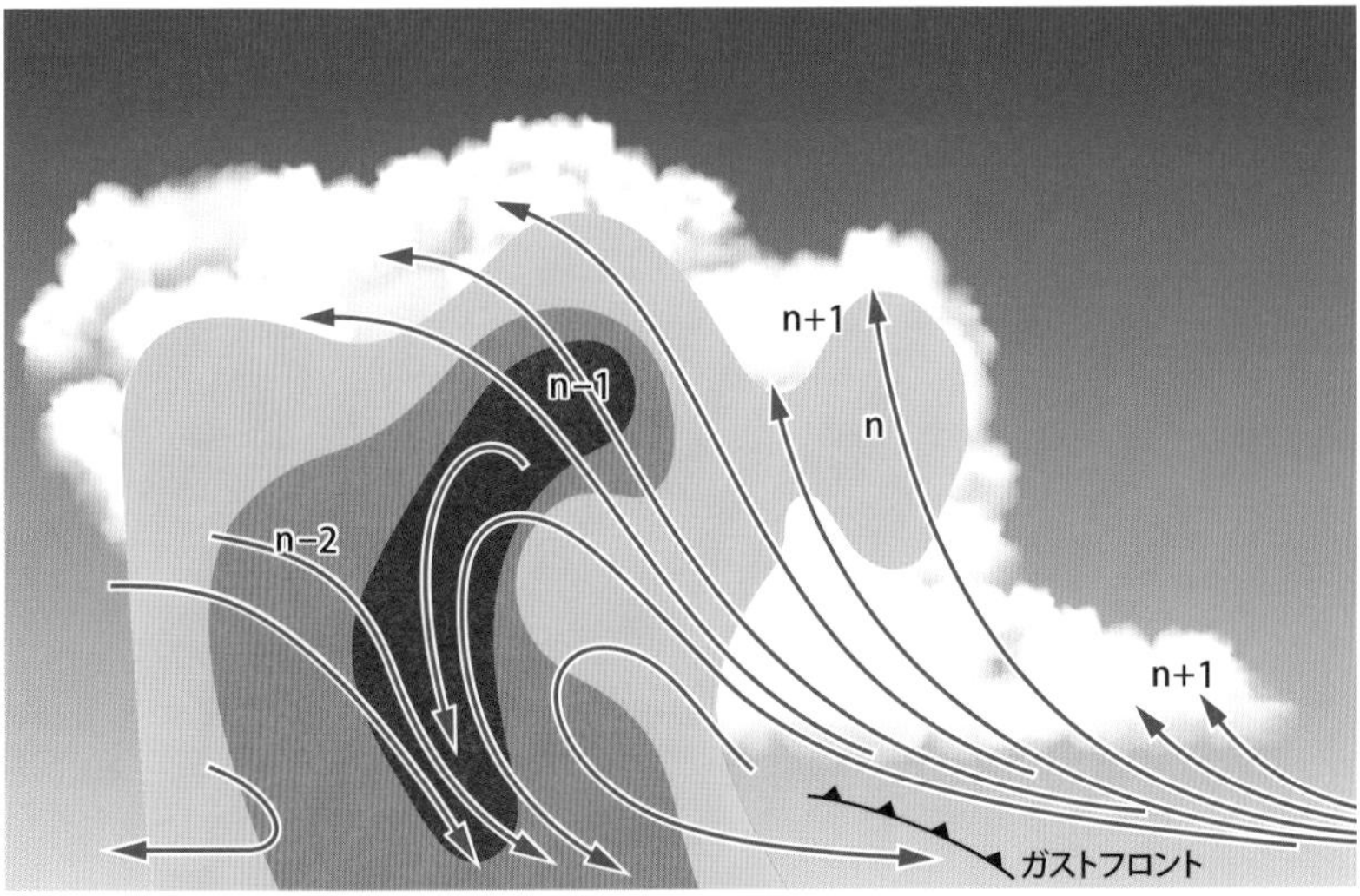

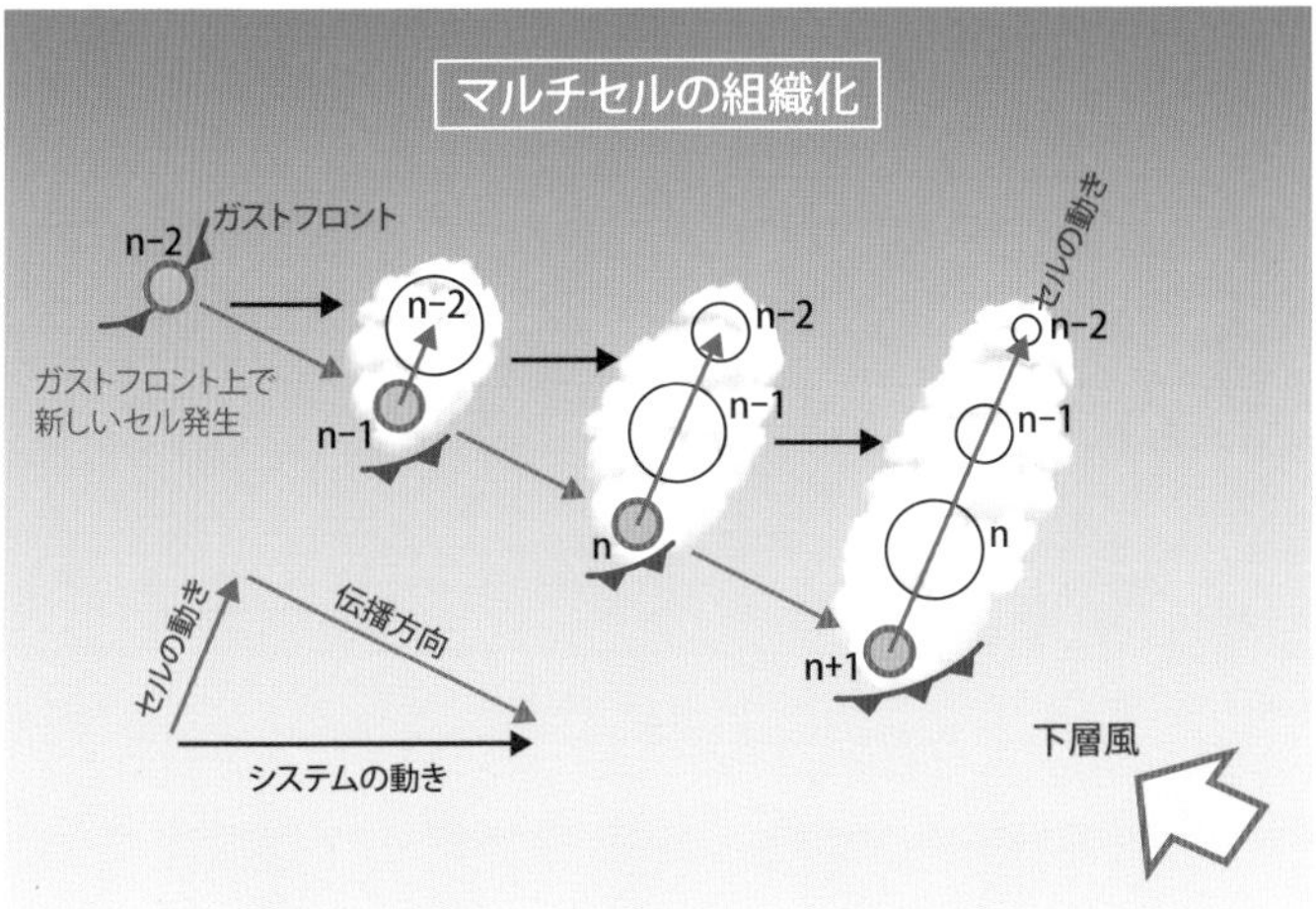

図3.6　マルチセル（フォワードビルディング型）のメカニズム

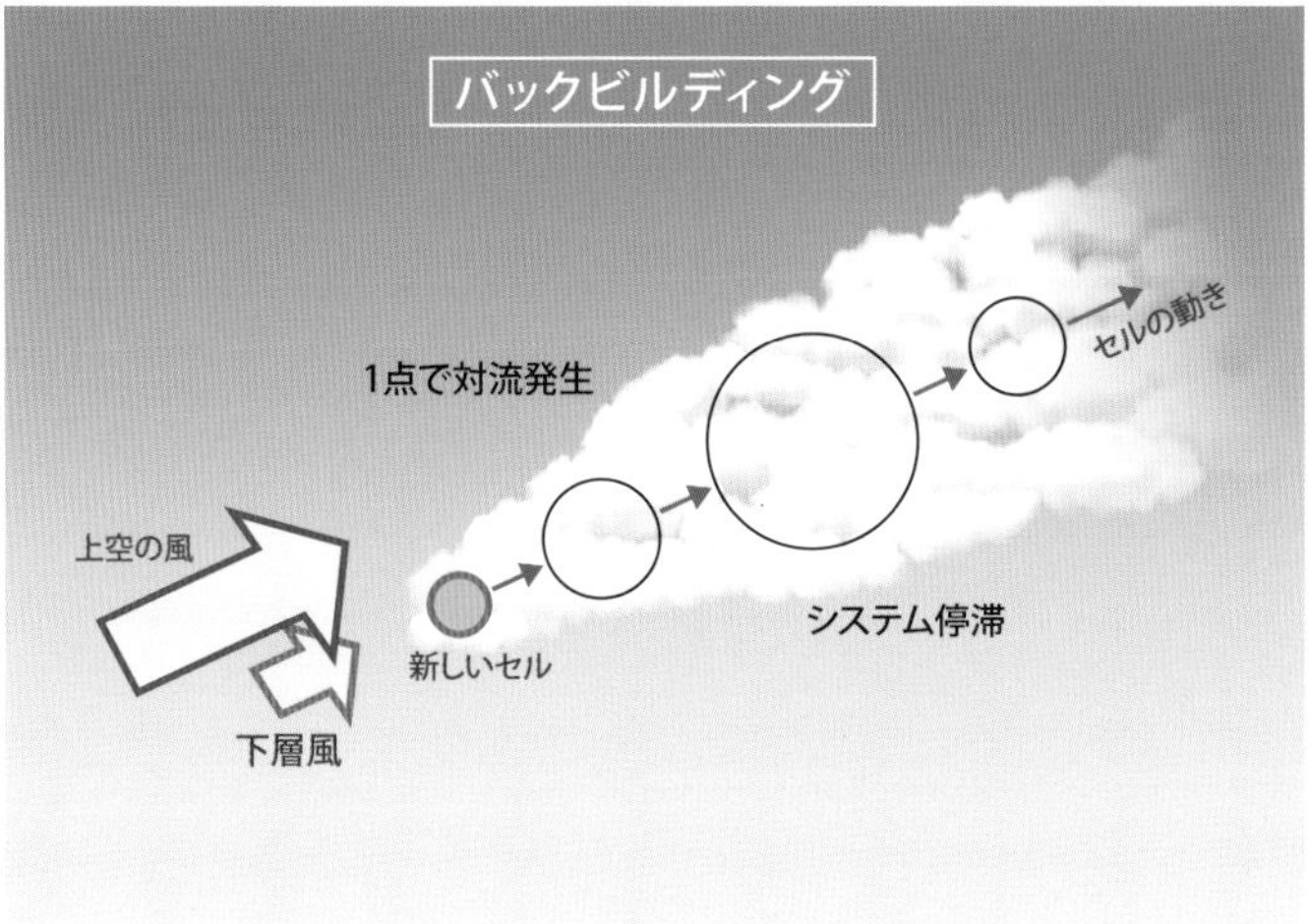

図3.7　バックビルディング型のメカニズム

ますが、バックビルディングはその必要がありません。バックビルディング型では、山岳など地形が積乱雲形成を担っているので、積乱雲の構造は単純です。つまり、一個一個の積乱雲はシングルセルであり、数十分の寿命で発生、発達、衰弱というライフサイクルを有します。

積乱雲自体の構造は単純ですが、環境条件が整えば山岳での強制上昇で雲は湧き続け、雲システム全体（あるいはエコーシステム全体）でみると、ひと塊のシステムが長時間停滞することになります。そのため、発生地点風下という極めて局所的なエリアで記録的な豪雨が続き、災害に直結します。バックビルディング型積乱雲と狭

積乱雲（マルチセル）

郵便はがき

63円切手を お貼り下さい

160-0012

（受取人）

東京都新宿区南元町４の５１
（成山堂ビル）

㈱成山堂書店 行

お名前		年　齢　　　　歳 ご職業	
ご住所（お送先）（〒　　－　　）			1．自　宅 2．勤務先・学校
お勤め先（学生の方は学校名）		所属部署（学生の方は専攻部門）	
本書をどのようにしてお知りになりましたか A. 書店で実物を見て　B. 広告を見て（掲載紙名　　　　） C. 小社からのＤＭ　D. 小社ウェブサイト　E. その他（　　　　）			
お買い上げ書店名 市　　　町　　　書店			
本書のご利用目的は何ですか A. 教科書・業務参考書として　B. 趣味　C. その他（　　　　）			
よく読む 新　　聞		よく読む 雑　　誌	
E-mail（メールマガジン配信希望の方） @			
図書目録　　送付希望　・　不　要			

—皆様の声をお聞かせください—

成山堂書店の出版物をご購読いただき、ありがとうございました。今後もお役にたてる出版物を発行するために、読者の皆様のお声をぜひお聞かせください。

本書のタイトル（お手数ですがご記入下さい）

■ 本書のお気づきの点や、ご感想をお書きください。

■ 今後、成山堂書店に出版を望む本を、具体的に教えてください。

こんな本が欲しい！(理由・用途など)

■ 小社の広告・宣伝物・ウェブサイト等に、上記の内容を掲載させていただいてもよろしいでしょうか？（個人名・住所は掲載いたしません）

はい ・ いいえ

ご協力ありがとうございました。

（お知らせいただきました個人情報は、小社企画・宣伝資料としての利用以外には使用しません。25.4）

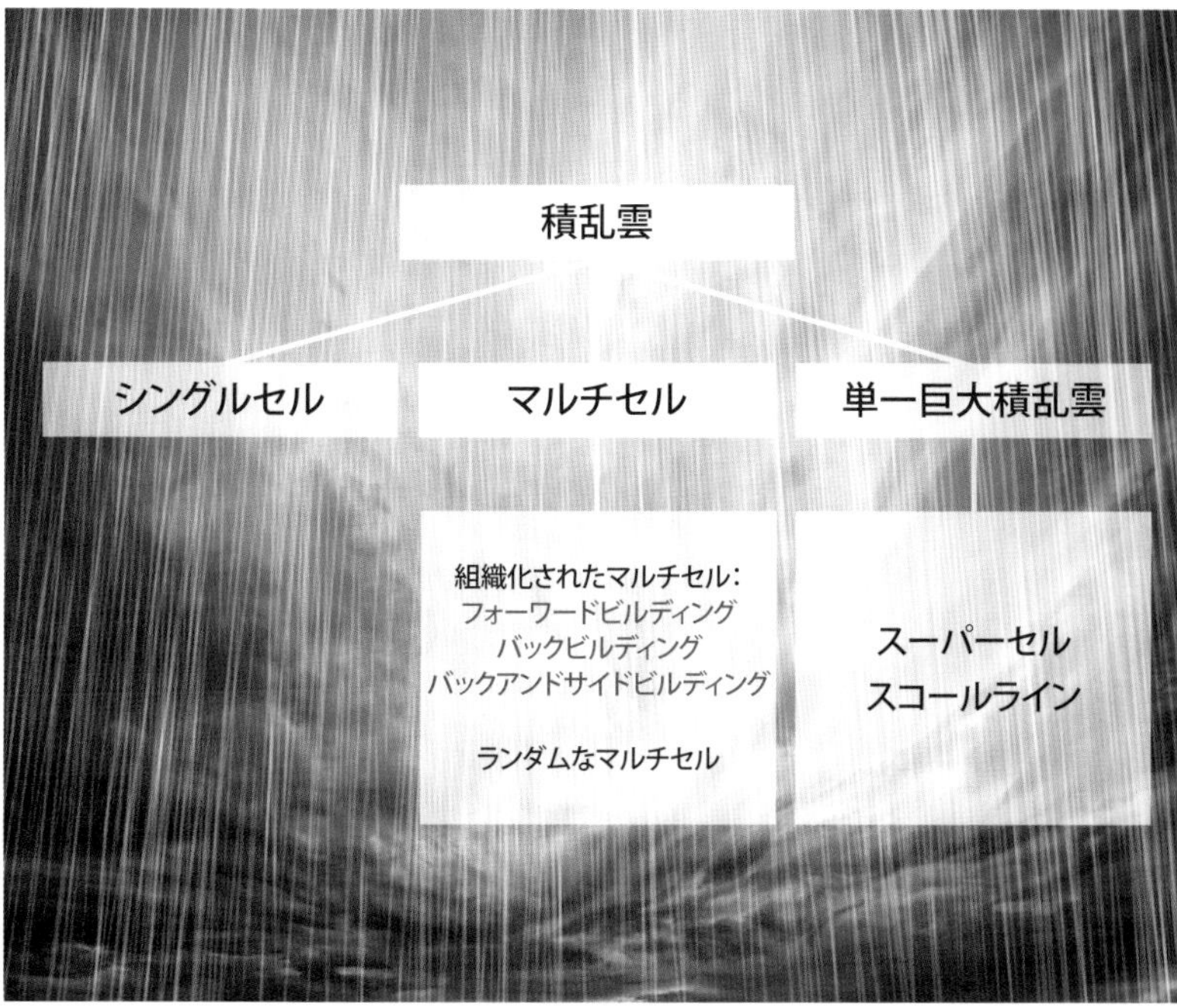
積乱雲
シングルセル
マルチセル
単一巨大積乱雲
組織化されたマルチセル：
フォーワードビルディング
バックビルディング
バックアンドサイドビルディング
ランダムなマルチセル
スーパーセル
スコールライン

積乱雲（セル）の分類

義の線状降水帯は、同じ現象を指しますが、前者はメカニズムを指しているのに対して、後者は形状を指していると考えた方がよいでしょう。

バックアンドサイドビルディング型

組織化されたマルチセル（フォワードビルディング）は、積乱雲列の方向と周囲の風向がズレているのが発達の条件でした。これに対して、線状降水帯（バックビルディング）では風向の変化はなく、1地点で積乱雲が次々と湧き、風下に移動しながら列をなしてライン（線状）を形成するという違いがありました。風向の鉛直シアーの有無が、バックビルディングとフォワードビルディングの違いということができます。メカニズムの観点からみると、複雑な構造を有するメソ対流システムの中で、線状降水帯は、積乱雲列と周囲の風向が一致する点で、比較的単純な構造といえます*。

ただ、現実には風のシアーが全くないことは稀で、多少のシアーが存在します。風のシアーがある場合、1点で湧いた積乱雲は側面に流されながら風下に移動するために、線状より面的に広がった構造を示します（図3・8）。このようなシアーがある場合、雲の分布やエコー構造が異なってくるので、バックビルディング型と区別して、バックアンドサイドビルディング型とよばれます。

*単純な構造であるがゆえに、観測的に把握したり、数値モデルで予測することが難しい。スーパーセルなど特徴的な構造を有した積乱雲であれば、その特徴を捉えて検出することが可能となる。逆に、熱的不安定で対流活動が活発になるのはわかっていても、個々の積乱雲がいつどこで発生するかは正確に予測することは不可能である。

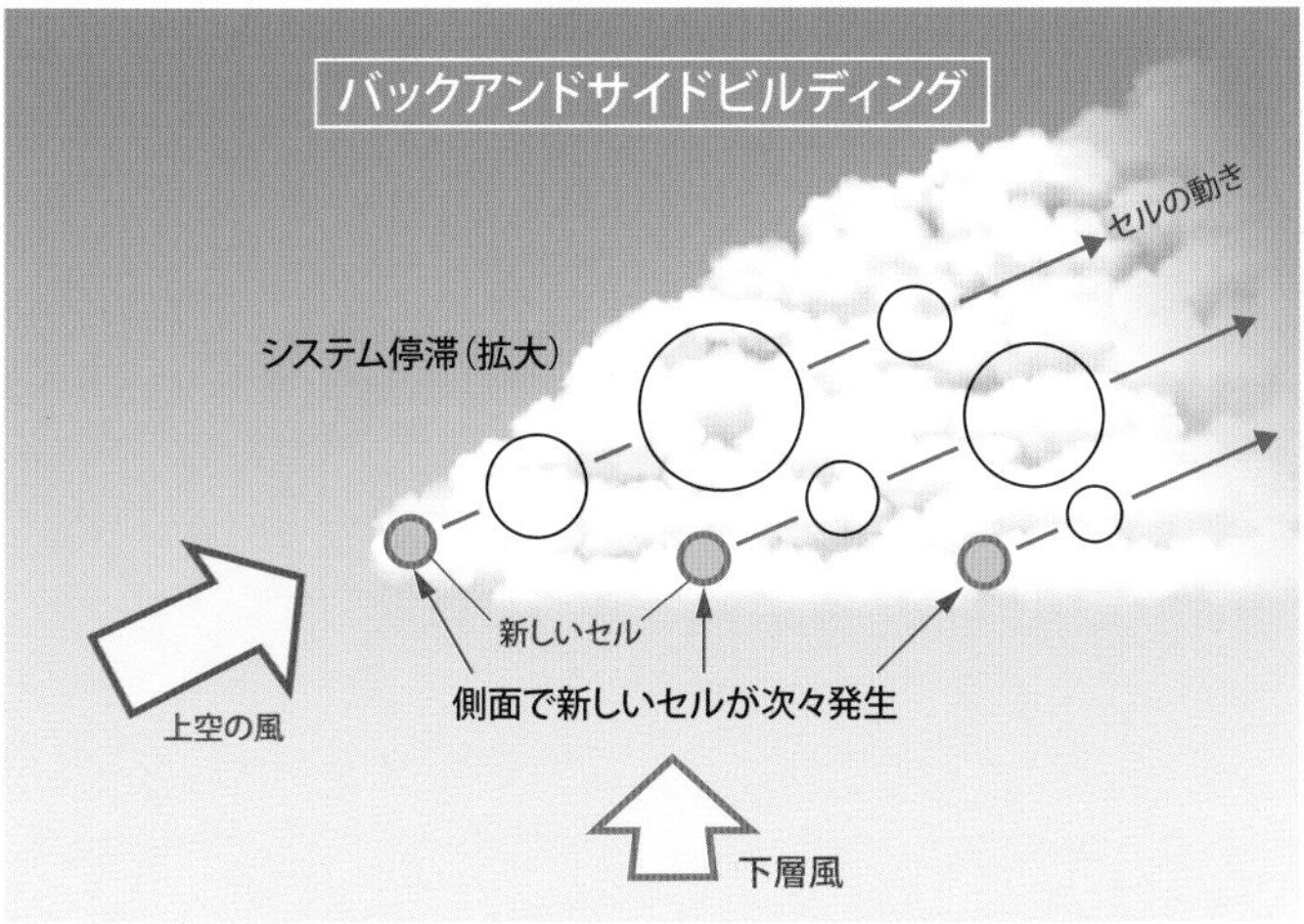
バックアンドサイドビルディング
セルの動き
システム停滞（拡大）
新しいセル
側面で新しいセルが次々発生
上空の風
下層風

図3.8　バックアンドサイドビルディング型のメカニズム

マルチセルのエネルギー源

このような組織されたマルチセルのエネルギー源は何でしょうか。熱量*と水蒸気*です。フォワードビルディング型でもバックビルディング型でも同じです。ただ、フォワードビルディング型では、ガストフロント上で熱と水蒸気が集中する場を自分で作ります。強い下降流が地上のガストフロントで収束を強め、新しい上昇流を形成し積乱雲が再発達、その下降気流がまた次の積乱雲を作るという繰り返しが生じます。すなわち、いったんこのシステムが出来上がると、正のフィードバックが働き、生き続けるのです。このような自己増殖を始めたマルチセルは、餌である熱と水蒸気の供給が続き周

*熱量
日射が地表面を熱するエネルギー。

*多くの水蒸気は海上から供給される。暖候期には、日本では太平洋から多量の水蒸気が供給され、アメリカでもメキシコ湾から供給される。一方、寒候期には日本海上で水蒸気が供給される。

囲の環境が変わらなければ、半永久的に子どもを作り続けます。ただし、実際には日が暮れたり、海上に移動したりして、熱と水蒸気の供給が途絶えることでシステムは衰弱します。一方、バックビルディング型では、地形による強制上昇により積乱雲が発生し続けることが重要ですから、水蒸気の供給が絶対条件といえるでしょう。

3.4 ロール状対流

北西季節風が強まり日本海上を覆い尽くす筋状雲（cloud streak）は、だれもが衛星写真で見たことがあると思います。冬季の筋状雲も広い意味でいえば線状降水帯*に入れるべきでしょう。一様な季節風下で形成される積乱雲は、ロールケーキを並べたような規則的な構造下で形成されるため、ロール状対流*といわれています。

一冬に数回、−40℃近い第1級の寒気が進入した時、日本海の海面温度との温度差は50℃程度となり、大気は非常に不安定となります。これは、日本海には対馬暖流が流れ込んでおり、冬でも海面温度が10℃前後という、高温を保っているためです。寒気が流れ込んだ静穏な日に、海面をみるともうもうと湯気（水蒸気）が湧いているのを確認することができます*。

このような環境下で季節風が吹くとどうなるでしょう。海面上とはいえ、摩擦力が働きますから、風速は海面から上空に向かって増大します（風向は変化しない）。その結果、主風向と同じ向きに軸を持つ対流が形成されます。何本ものロールケー

*広義の線状降水帯とよぶ。

***ロール状対流**
厳密には、シアー流中のロール状対流とよばれる。

*海面で蒸発した水蒸気が冷やされて凝結して水滴となったもの。北海道では、〝けあらし〟とよばれている。

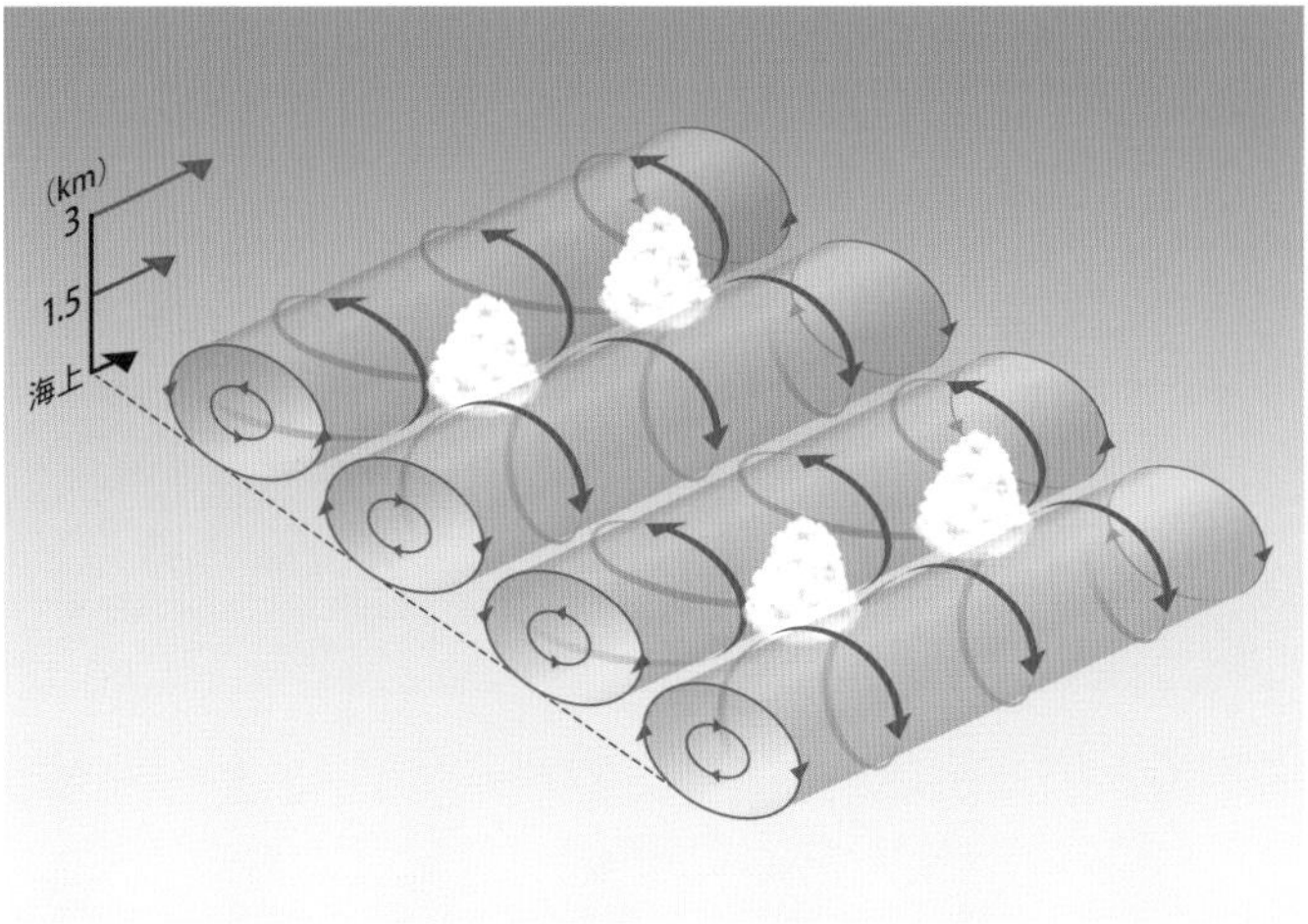

図3.9　ロール状対流のメカニズム

キを並べたような構造下で、規則的に上昇流域と下降流域が形成されるために、積乱雲（雪雲）が湧く上昇流域と雲がない場所が規則的に作り出され、結果として何本もの筋として認識されるのです（図３・９）。

LモードとTモード

　前章で示したように、冬季日本海上にはさまざまな走向を持つ筋状雲が存在しています。北西季節風に平行に形成される筋状雲は、L（longitudinal）モードとよばれます。一般に、筋状雲とは、対流雲が筋状に並んだ場合に用いられる名称ですが、冬季北西季節風時に日本海上で形成される筋状雲が典型例といえます。主風向と筋

筋状雲（cloud streak）

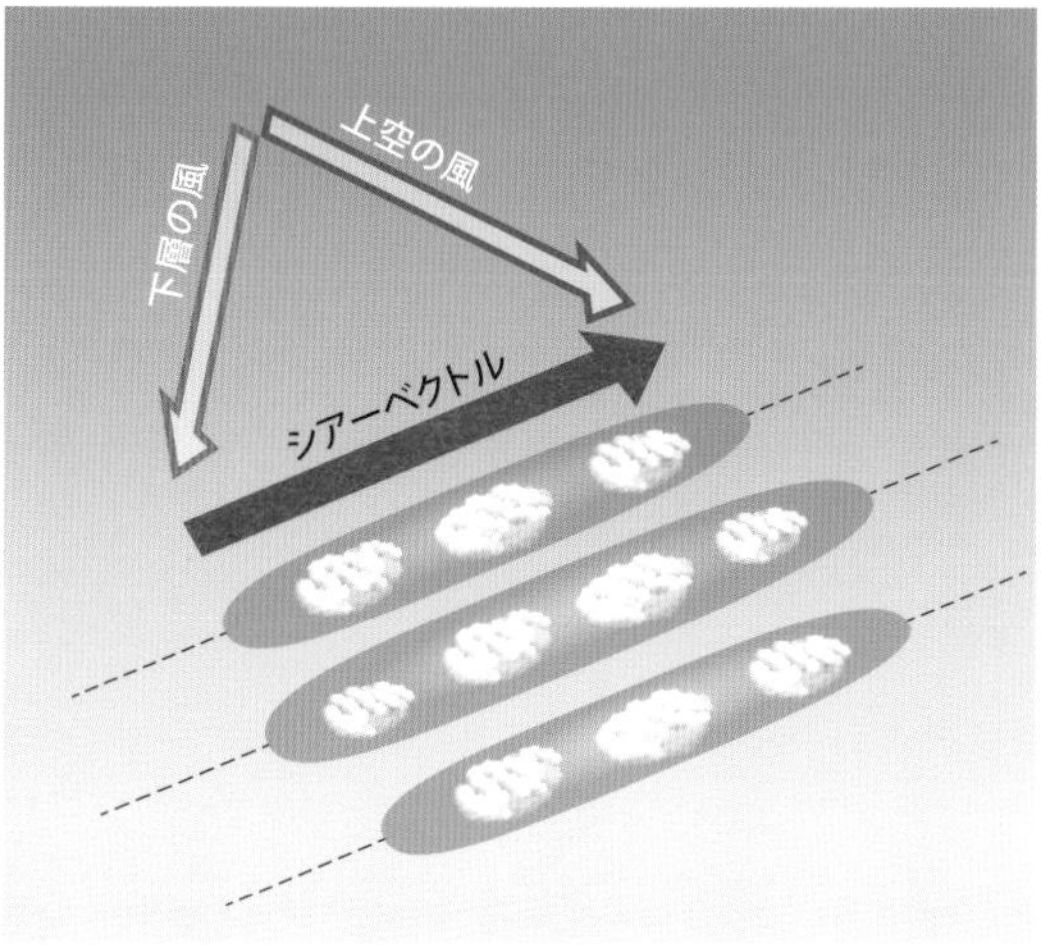

図3.10　Tモードのメカニズム

の走向が平行（筋と雲の移動が一致する場合）な場合をLモード（longitudinal-mode）、両者が直交する場合をTモード（transversal-mode）の筋状雲と区別されます。

筋状雲の形成過程は、2次元のロール状対流として力学的に明らかにされていますが、なぜ季節風の風向に直交するような筋が形成されるのでしょうか。筋状雲は、鉛直シアーのある一様流中の対流として理解され、ロール軸の方向が積乱雲の配列方向となります。Lモードの場合は、鉛直シアーに風向も変化はありません（風速のみ変化する）。それに対して、風向の変化のある場合、つまり3次元的な風のシアーがある場合がTモードになります。Tモードでは

夕日に照らされるスーパーセル

雲底と雲頂の風向風速が変化し、筋の走向は風ベクトルの差（シアーベクトル）の方向と一致します。つまり、Tモードもシアーベクトルに沿ったLモードといえるのです（図3・10）。

3.5 メソ対流システムの分類

クラウドクラスター

一般に積乱雲の集合体である巨大な雲塊はクラウドクラスター（cloud cluster）とよばれます。これは、気象衛星から積乱雲群をみると、大きなひとつの塊として捉えられるからです。例えば、梅雨前線の南側に東シナ海上で発生する円形のクラスター、停滞前線上に形成される先細りの雲（テーパリングクラウド）、線状降水帯、巨大積乱雲（スーパーセル）など、いずれもクラウドクラスターといえます。クラスターの構造は千差万別といえますが、複数の積乱雲によって構成されている点は共通しています。そのため、クラスター通過時には、いくつもの積乱雲による降雨が断続的に続き、雨量が増大します。

クラウドクラスターは、上空の気象衛星から観測すると、まとまった雲の塊として認識されます。わたしたちは、地上からモクモクとした積乱雲の側面をみて、その形状や成長を観測しますが、静止気象衛星*でみえるのは、積乱雲の雲頂部分だけで、圏界面まで達した積乱雲のかなとこ雲表面をみていることになります。特に、赤外線を用いたチャンネルでみると、温度分布を観測できるために、高度が高く温

＊静止気象衛星
地上高36000㎞の赤道上空に打ち上げられ、地球と同じ角速度で等速円運動を行う。

メソ対流システムをはじめ
気象現象は熱帯と中緯度で
扱いを区別するものがあるよ。
成

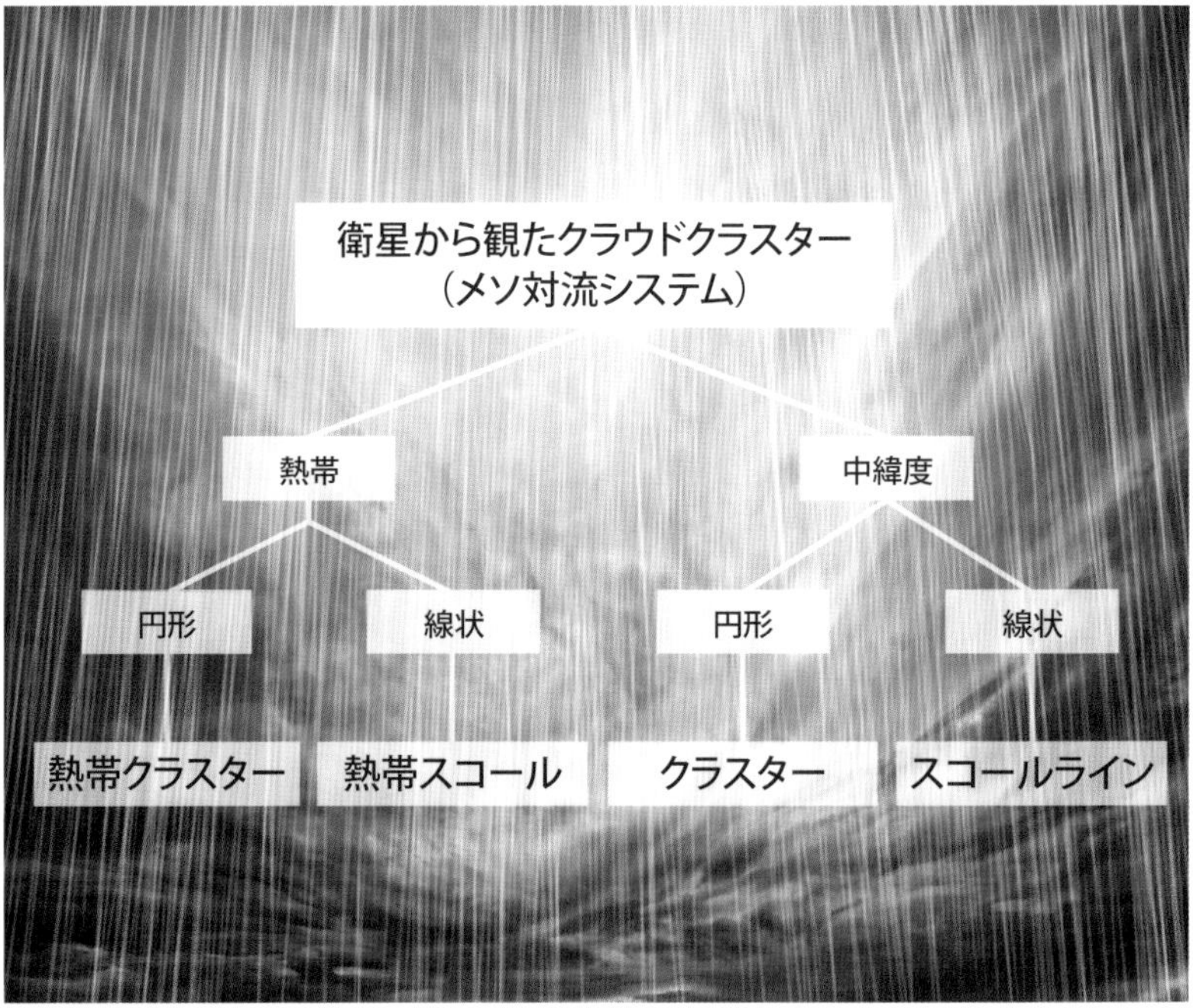

メソ対流システムの分類

度の低い雲ほど「白く」みえるのです。高度10㎞を超えるかなとこ雲の上部は−50℃を下回るので、真っ白い円形の雲として浮かび上がります。クラウドクラスターは、その形態によりさまざまな形状を示し、衛星からみるといくつかの形状に分類することができます。雲の形状を円形と線状に大別し、中緯度で観測される円形の雲はクラスター、線状の雲はスコールラインとよばれ、熱帯における円形の雲は熱帯クラスター、線状の雲は、熱帯スコールとよばれます。現在は、これらを総称してメソ対流システム*とよばれています。

*メソ対流システム
MCS：mesoscale convective system。対流雲と層状雲を併せ持つ積乱雲群を総称してこのようによぶ。

線状降水帯の分類

本章でみてきたように、メカニズムの観点からは、バックビルディング型の積乱雲列を狭義の線状降水帯とよぶのがよいでしょう。フォワードビルディング型あるいはそれ以外を、広義の線状降水帯と区別すべきです。

一方、線状降水帯の形成要因は、次の5点が重要と考えられます。

① 暖湿気の流入
② 積乱雲が発生しやすい大気の不安定
③ 前線や山岳などによる上昇流の形成

対岸を隠すほどのゲリラ豪雨

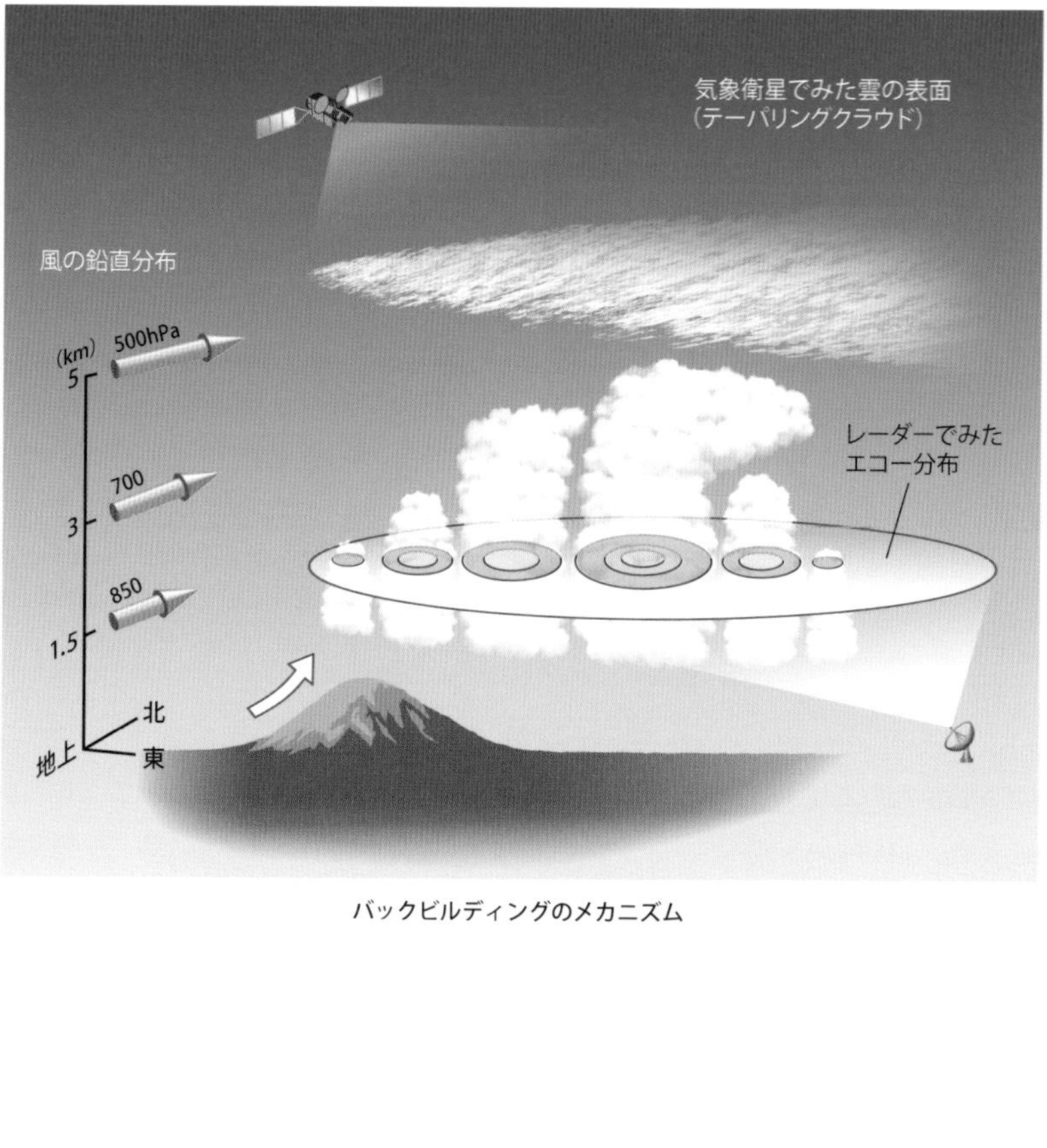
気象衛星でみた雲の表面
（テーパリングクラウド）
風の鉛直分布
（km）
500hPa
5
700
3
850
1.5
地上
北
東
レーダーでみた
エコー分布

バックビルディングのメカニズム

④　積乱雲を流す上空の一定方向の風の存在
⑤　地形による降雨の増幅

前記①～⑤すべての条件を満たすものが、典型的な線状降水帯といえるでしょう。②の効果は、中層から上層における寒冷・乾燥空気の存在や地表面（海面）の加熱であり、両者が重なると不安定度は増します。* ③は上昇流のトリガーであり、山地など地形による上昇流がきっかけで線状降水帯が形成される場合は、発生始点（先端）は動かず固定されます。一方、停滞前線の南側など気流の収束する領域が、積乱雲発生のトリガーになる場合は、上昇流発生地点は移動することが多いといえます。* ④が線状降水帯形成にとって最も重要な条件であり、風向の鉛直シアーがない場合が典型的な線状降水帯となります。ただし、全く鉛直シアーがないというのは稀であり、弱いながらシアーが存在します。この場合は、発生した積乱雲セルが上空の風で横方向に流されていくので、線状降水帯の形態も少々異なります。このタイプがバックアンドサイドビルディング型です。⑤は山岳性降雨であり、地形性降雨のメカニズムといえます。

広義の線状降水帯を、これらの観点から再度まとめてみましょう。寒冷前線、スコールライン、スーパーセル（組織化されたマルチセル）は、いずれもフォワードビルディング型であり、自分自身で新しいセルを前方に発生させながら進行していきます。環境条件は①と②を満たします。冬季の筋状雲（ロール状対流）は、条件①、②、④を満たし、風下に線状にセルが並びますが、季節風下で形成された対流なので、

*暖候期であれば、日射による地表面加熱＋上空の寒気（寒冷渦）、冬季であれば、日本海上の海面加熱＋上空の寒気（シベリア気団）となる。

*地形の影響がない海上で発生する場合、前線面に対する暖湿気の移流方向や発生した積乱雲からの下降気流が収束の原因となる。このような収束域は前線の移動や積乱雲の成長に伴い時間変化するため、発生始点（＝線状降水帯の先端）が動くという現象が生じる。

富士山上空の筋状雲

強制対流といえ、対流発生の原因が異なってきます。テーパリングクラウドは雲の形態的な名称ですが、①~⑤すべて満たす場合と、①と②を満たし、③のトリガーが地形でない場合とが存在します。台風のアウターレインバンドも、線状にセルが並びますが、個々のセルは後面で発生を続け、台風の風で移動するため、広義の線状降水帯の一種といった方がよいでしょう。環境条件は①と②を満たします。

4章　豪雨豪雪から身を守る

4.1 自宅周辺の危険度

地震対策と同じように、豪雨対策を考える時もまずは自宅の立地条件を知ることが重要です。自宅の建っている場所の地盤が、地形学上しっかりとした岩盤の上なのか、もともと海であった場所なのか、谷や沼など低湿地であったかなど歴史を知ることが第一です。その上で、土石流のリスクがどのくらいあるか、外水氾濫*、内水氾濫*のリスクを知り、自宅での避難を考えましょう。

土地の成り立ちを知る

浸水被害を受けやすい場所とリスク度を確認しておきましょう。

❶ 山岳地帯：急傾斜地における「がけ崩れ」と、樹木の少ない山間部の谷沿いでは「土石流」のリスクが高まります。

❷ 扇状地：山間部で降った豪雨により土石流が発生すると、麓の扇状地では直撃のリスクが高まります。

❸ 造成地：「盛土」などの造成地は、地質的に不安定になりやすく、十分な雨水処理を行っていないとリスクは増大します。*

*外水氾濫
川の水が堤防からあふれて、あるいは破堤して起こる洪水。

*内水氾濫
堤防の内地である市街地で短時間に大雨が降ると、下水道などの排水が追いつかないためにあふれた雨水による氾濫を指す。

*地震による「液状化」のリスクも非常に大きい。

下着やトイレ、パーソナルスペースなどのセンシティブな問題は、重要ながら避けられがちです。被災した際にはそんなこともいっていられないので、これを機にしっかりと考えましょう。
小林

大規模ながけ崩れや土砂崩れになると、家屋そのものが押し流されてしまうため、内水氾濫に比べて避難するための時間的猶予はほとんどないといってよいでしょう。

造成地の問題点

大規模盛土造成地*の豪雨被害は、頻発する記録的豪雨*の結果、２０００年代以降顕在化したといえます（図４・1）。「平成26年8月広島豪雨」の被害をみると、当然予測できたであろうと思うのは筆者だけでしょうか。最近は、違法盛土*による災害も社会問題となりました。国や自治体のずさんな盛土規制と違法な盛土が、国中いたるところに存在していることが判明しました。

現在、自治体はリスクのある急傾斜地を、イエローゾーン（土砂災害警戒区域）とレッドゾーン（土砂災害特別警戒区域）に指定し公表しています。イエローゾーンに

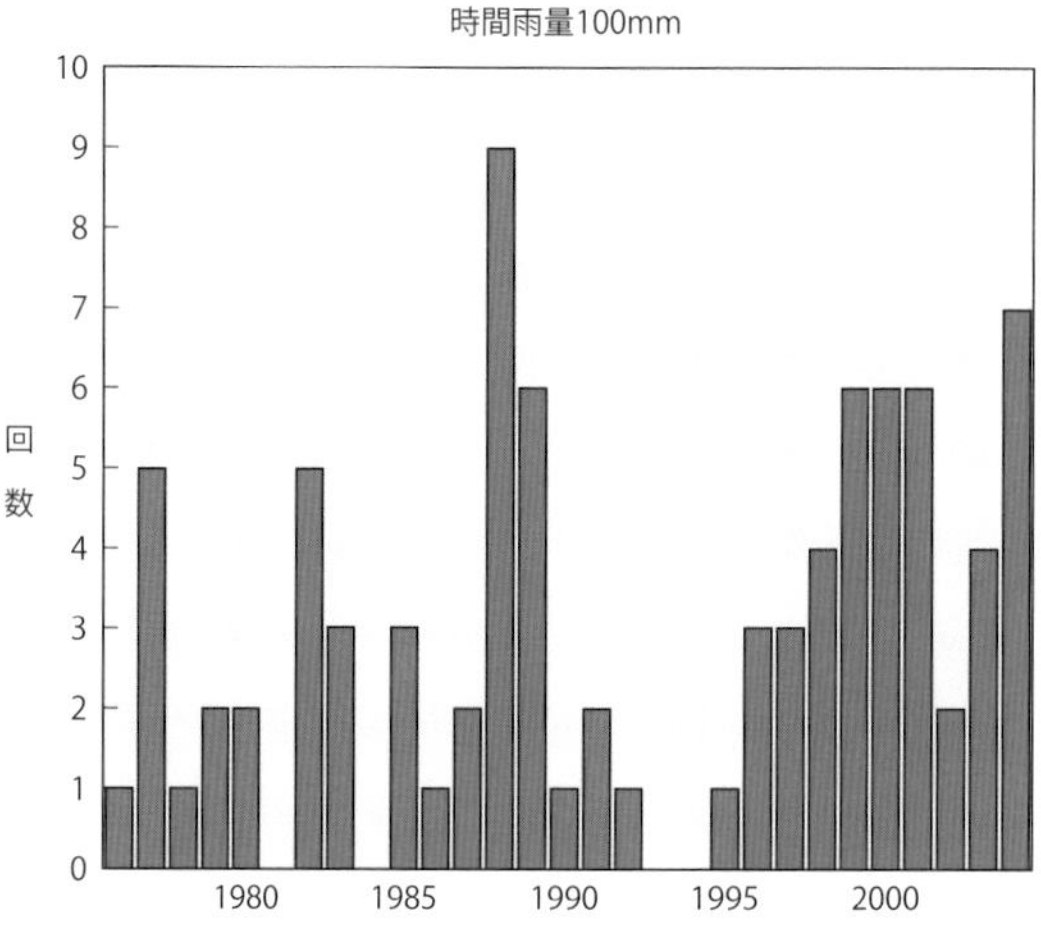

図4.1　短時間豪雨（100㎜／h）の経年変化

＊大規模盛土造成地
１９６０年以降の高度経済成長期に開発された宅地を指す。持ち家政策を背景に、各地に〝ニュータウン〟とよばれた新興住宅地が誕生した。１９６１年に大雨による被害が契機となり、宅地造成等規制法（宅造法）が制定された。２００６年に地震対策に力点が置かれる形で改正されている。

＊１９７６年から２００４年までにアメダスで観測された時間雨量１００㎜を超える豪雨の頻度をみると、１９８５年からの10年間では平均２・７回、１９９５年からは平均３・６回と増加している。

＊違法盛土
不法投棄の盛り土を指す。２０２１年7月3日に熱海市伊豆山で発生した土石流では、28名が死亡し１３６棟の建物が被害を受けた。当日は、梅雨前線に向かって暖湿気が流れ込み、東海から関東南部で記録的な大雨となった。熱海市では、48時間で３２１㎜の降水量を記録し、7月の観測記録を塗りかえた。伊豆山地区の逢初川沿いに発生した大規模な土石流は、家屋をのみ込みながら伊豆山港へ流れ込んだ。その後の調査で、土石流の起点における大量の違法盛土が大雨で崩れたことがわかっている。

指定されると、土砂災害防止法に基づき、宅地建物取引業者は売買時に重要事項説明を行うこと、管理者は避難計画を作成し避難訓練を実施することが義務付けられています。さらに、レッドゾーンに指定されると、開発の許可制、建物の構造規制が課されます。ただ、指定されても斜面の崩壊防止工事には莫大な費用がかかり、土地所有者が負担しなければならないため、全国で何万か所にもおよぶ区域での対策はなかなか進んでいないのが現状です。

都市でどうするか

日本の主な都市では、目安として時間雨量50㎜*を上限に排水などが設計されているため、それを超える80㎜/hや１００㎜/hの短時間豪雨が降ると、下水で処理しきれない雨水は途端に地上にあふれます。よくニュース映像で流れるように、走行している車は、10㎝とか20㎝の深さの水の中での運転を余議なくされます。運転席から見ただけでは、例えいつも走っている道であっても前方の水深はわかりません。実際に、アンダーパスや低地帯に溜まった水の中で動けなくなった車は、豪雨のたびに報告されます。

自宅の地下室や地下街にいた場合は、どうすればよいでしょうか。練馬豪雨*や福岡豪雨*で実際に死者が出たように、大変難しい問題といえます。地下街にいた場合、地上で天候が急変しても、雨の音、風の音、雷鳴など一切伝わってきません。お天気アプリを使って雨情報を取得する方も多くなりましたが、食事や買い物の最中に

*時間雨量50㎜という値が都市計画で用いられていることが多い。

＊練馬豪雨
１９９９年7月21日、梅雨明け直後に東京23区内で発生した記録的な豪雨で、都市型豪雨の典型例として、現在でも引き合いに出される。練馬豪雨は、梅雨前線ではなく、梅雨明け後の夏空が広がっている中で発生した事例で、都心で発生した1個の積乱雲が異常に発達し、単一巨大積乱雲（スーパーセル）となり、その後移動しながら最終的に帯状エコー、すなわち線状降水帯の様相を呈した。練馬上空で発生した積乱雲は巨大化し、東京都の雨量計では16時13分までの1時間に１３１㎜を記録した。夏型の夕立として、時間降水量の極値（１５３㎜）に近い雨量を都心で観測したのは尋常な雨ではなかった。

＊福岡豪雨
１９９９年6月29日と２００３年7月19日の2回発生している。１９９９年は、6月下旬から梅雨前線の活動が活発になり、西日本から北日本にかけて広い範囲で大雨となる中、6月29日には、１００㎜/hを超える短時間の局地的豪雨が各地で観測され、28府県で河川の氾濫や浸水などの被害が発生し、福岡市と広島市では大きな被害が発生した。福岡市のＪＲ博多駅では、29日の午前に水浸しになり、駅ビルの地下に流れ込んだ水により死者が出た。また、当日午後には、広島市から呉市にかけて新興住宅地で土石流が発生した。翌月の練馬豪雨と併せて都市型洪水の対策を考えるきっかけとなった。しかし、福岡市では4年後の２００３年7月19日にも同様の被害が生じた。前日の夜から雷を伴った雨が断続的に続き、河川の水位は上昇し、ＪＲ博多駅周辺は１９９９年同様に水浸しとなった。

豪雨の確認をするでしょうか。おそらく、館内放送などで避難指示が出ない限りは、退避行動を起こすのは難しいといえます。また、渋谷のスクランブル交差点の海抜高度を把握している人は何人いるでしょうか。幸い、東日本大震災以降、津波対策として全国で海抜高度が表示されるようになりました。このような情報を日頃から気を付けていれば、いざという時に役立つでしょう。

避難のタイミング

豪雨災害の場合、現象によって避難のタイミングや時間的猶予は大きく異なります。東海豪雨ではさまざまな教訓が指摘されました。東海地方は昔から大雨の被害が多く、何度も浸水の被害を経験された年配の方は、豪雨の浸水は床上、床下で済んでいたため、これまでの雨の降り方との違いに気付かず、わずか30分で背丈ほどの浸水に至り逃げ遅れたという報告もあります。これまでの経験が役に立たない結果となったのです。数百年に一度の豪雨というのは、当たり前ですが近代の気象観測データ*のみでは推し量ることはできないのです（図４・２）。

豪雪対策

同じ降水でも、雨と雪では事情が異なります。豪雨の場合は、1～2時間程度という比較的短時間の現象ですが、豪雪の場合は数日間降り続くのが特徴です。雨は土壌に含みきれなくなるとすぐに低地へと流動して行きますが、雪は気温が上昇し

九州北部豪雨の土砂災害

＊近代の気象観測データ
アメダスの観測が始まったのは１９７４年。

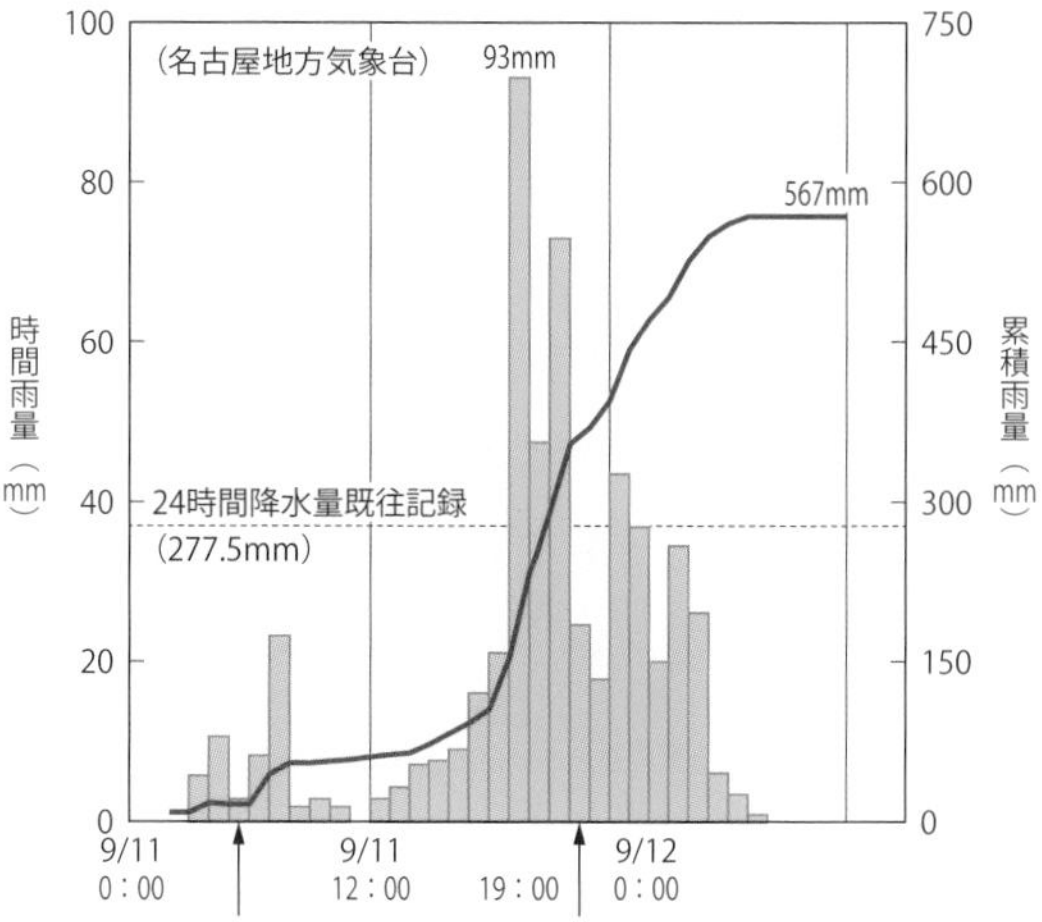

(名古屋地方気象台)
93mm
567mm
時間雨量（mm）
累積雨量（mm）
100
80
60
40
20
0
750
600
450
300
150
0
24時間降水量既往記録
(277.5mm)
9/11
0：00
9/11
12：00
19：00
9/12
0：00

図4.2　東海豪雨の時間雨量

て融けない限りは蓄積されていきます。その結果、交通機関や日常生活が遮断され、長期間孤立してしまいます。最近でも、大雪が降るたびに高速道路や幹線道路に数百台の車が立ち往生する光景を各地で目にしますが、特に、雪に慣れていない地域での対策は重要となります。

また、雪解けによる地滑りなど土砂災害も多発しています。豪雨による土砂災害と異なり、初冬から春先までいつ発生するか予測は非常に難しいといえます。このように広範囲におよぶ道路の遮断があることを考えると、日々の生活で食料品や日用品など普段自宅で使用しているものを、少し多めに備えて、古いものから順に消費し、いざという時は最低限の備蓄にしておくとよいでしょう。これをローリングストックといい、保管場所や消費期限のチェックなど特別な準備が必要ないため、実践しやすく、浸透しつつあります。食料品であれば、１週間分を目安にストックし

お願い
通行

豪雪による通行止め

ておきましょう。

損害保険（地震保険）

わが国では、台風や梅雨時期の集中豪雨により多大な被害をこうむってきた歴史があります。戦後は、治水対策や気象衛星、レーダーなど観測技術の向上により、気象災害による死者数は数千人規模から数十人程度へと減少してきました。現在では台風接近の数日前から進路が示され、気象警報などの防災情報もわれわれの生活に欠かせないものになっています。気象災害に対する備えは万全のように思われるかもしれませんが、例えば台風が10個上陸した２００４年は死者数が２００人を超え、損害保険支払額は７０００億円に達しました*。さらに、２０１８年台風21号*では1兆円を超え、２０１９年台風15号と19号では５０００億円前後と、非常に強い台風がそのままの勢力で都市部を襲った結果支払金額が一気に増大し、とうとう保険金額1兆円時代に突入しました。また、都市の豪雨に対する脆弱《ぜいじゃく》性を露呈する被害も頻発しています。局地的な短時間豪雨は都市生活に与えるインパクトが大きく、都市型豪雨などへの予測体制は既存のシステムを見直す時期に差しかかっているといえます。

地震保険の料金改正でご存知の方も多いと思いますが、自分の住んでいる地域（現在は都道府県単位が多い）によって保険料に違いが生じています。つまり、巨大地震の発生しやすいところでは保険料が高く、発生しにくいところでは安くなるとい

＊損害保険支払額
２０１７年台風18号による支払額は約２００億円、２０１７年九州北部豪雨では約18億円と、近年1回の気象災害で支払われる保険金額は数十億円～数百億円に達することが多かった。

＊２０１８年台風21号
アジア名チェービー（ＪＥＢＩ）は、8月28日南鳥島近海で発生し31日09時には９１５hPaに達し、〝猛烈な（最大風速54ｍ／ｓ以上。最大風速は10分間の平均風速の最大値）〟勢力に発達し、9月4日12時に９５０hPaで徳島県南部に上陸した後、5日09時に温帯低気圧に変わった。台風21号に伴い四国、近畿から北海道に至る広範囲で強風が観測され、各地で住宅の屋根や工事用足場の倒壊などの被害が発生し、特に、近畿圏では、関空島（大阪府泉南郡）で58・1ｍ／ｓ、和歌山（和歌山市）で57・4ｍ／ｓ、室戸岬（高知県室戸市）で55・3ｍ／ｓを記録するなど、これまでの最大瞬間風速を更新するような強風が観測された。〝非常に強い（最大風速44ｍ／ｓ以上54ｍ／ｓ未満）〟勢力のまま上陸したのは、１９９３年の13号台風以来25年ぶりでありその結果、数十台の車の横転、１０００本を超える電柱の倒壊、4万棟を超える住宅被害など、これまでの経験と想像を絶する被害件数が報告された。

う、リスクを反映した保険料が適用されるようになってきました。このような考え方は外国では主流であり、例えばアメリカでは自宅の立地条件によって損害保険料は大きく異なります。地震や風水害のリスクが少ない、環境がよく地価も高い場所は保険料が安くなるのです。国民全員が保険に入る日本では、その公平性が重んじられてきた感がありますが、そろそろ考え方を変えてもよいかもしれません。災害リスクを考える時、そもそも危険な場所には住まないというのが究極の避難といえます。危険な場所＝保険料が高いという図式が定着すれば、自宅を購入する際、あるいは転居を考える際、大きな動機になり得るのです。

　最後に、被災した場合は、必ず写真に撮って残しておきましょう。災害認定やさまざまな支援を受ける際に証拠となります。

4.2 ハザードマップの活用

　ハザードマップとは、自然災害による被害を予測し、その被害範囲を地図化したもので、被害予想図、防災マップなどともよばれています。わが国では、１９９０年代から作成が進められてきました。２０００年の有珠《うす》山噴火*と２０１１年の東日本大震災*が、利活用の大きな弾みになったといわれています。

　現在、ハザードマップには、「河川浸水洪水」、「土砂災害」、「地震災害」、「火山防災」、「津波浸水・高潮」などの種類があります。土砂災害では、「がけ崩れ」、「土石流」、「地すべり」の特別警戒区域、警戒区域等が表示されています。地震災害で

2019年台風19号で増水した利根川

＊有珠山噴火
ハザードマップに従って、住民や観光客が避難した結果、人的被害が生じなかった点が注目された。有珠山は１９７７年（昭和52年）の噴火を契機に、常時観測体制が確立され、火山性地震の観測などで〝噴火の予測に成功した火山〟として知られている。

＊東日本大震災
１００年に１度の災害対策を施された構造物も役に立たなかった点の反省から、人命を優先に避難する対策として、ハザードマップの充実とタイムライン（避難計画）の作成が加速された。

は、液状化や大規模な火災が発生する範囲が表示されています。豪雨被害を考える際に、これらの情報も密接に関連しますから、数は多くなりますが、それぞれのハザードマップに目を通しておいた方がよいでしょう。

横浜市のハザードマップを例にみてみましょう。現在「洪水」、「内水」、「高潮」の3種類が公開されています。

❶ 洪水ハザードマップ：水防法に基づき、想定し得る最大雨量で河川が氾濫した時の、洪水浸水想定区域と水深を表示したもので、避難所等の情報も記載されています。

❷ 内水：想定される最大雨量（153㎜/h）により、下水道や水路からの浸水区域や深さを表示したものです。

❸ 高潮：想定し得る最大規模の高潮が発生した時の、高潮浸水想定区域と水深を表示したものです。最大規模の台風*が東京湾に接近し、最大規模の高潮と洪水が発生し、堤防が決壊するなど最悪の状況を見込んだ場合です。

タイムライン

一般に、タイムライン（timeline）は予定表や年表を意味する言葉ですが、防災上は災害時に取る行動を時系列にまとめた計画を指します。アメリカでの成功例*を受けて、わが国でも2016年に国土交通省が指針をまとめ、自治体など防災関係機関が防災行動計画を作成するようになってきました。

*最大規模の台風
室戸台風の中心気圧と伊勢湾台風の移動速度、暴風半径を仮定している。

*アメリカでの成功例
2012年のハリケーン・サンディの接近時に、ニュージャージー州が住民の避難にタイムラインを適用して被害を最小限にとどめたことから注目された。

台風などの風水害は、災害発生まで比較的長時間にわたり、事前に被害の規模が想定されることから「進行型災害」*とよばれます。堤防決壊など災害発生時刻を基準点（ゼロアワー）に設定し、そこから遡って、いつ、だれが、何をするかを事前に決めておくものです。

*進行型災害
直下型地震など、予測や準備が難しい災害は「突発性災害」とよばれる。遠地津波は進行型となる。

マイ・タイムライン

マイ・タイムラインとは、台風や大雨などこれから起こるかもしれない災害に対して、一人ひとりの家族構成や自宅の立地条件、地域環境に合わせて、あらかじめ時系列で整理した、自分自身の避難行動計画です。

ＳＴＥＰ１：住んでいる地域の危険性を把握
ＳＴＥＰ２：気象情報・避難情報の理解
ＳＴＥＰ３：情報収集手段の把握
ＳＴＥＰ４：避難行動の理解
ＳＴＥＰ５：持ち出し品の準備

このような５つのステップで構成されており、インターネットで簡単に「マイ・タイムライン作成シート」をダウンロードすることができます

避難の判断

では今後、局地的な豪雨などの極端気象に対して、どのように対応すればよいの

成
もし台風が来たら
近くのペンギン舎に避難して……
マイ・タイムラインシートの作成

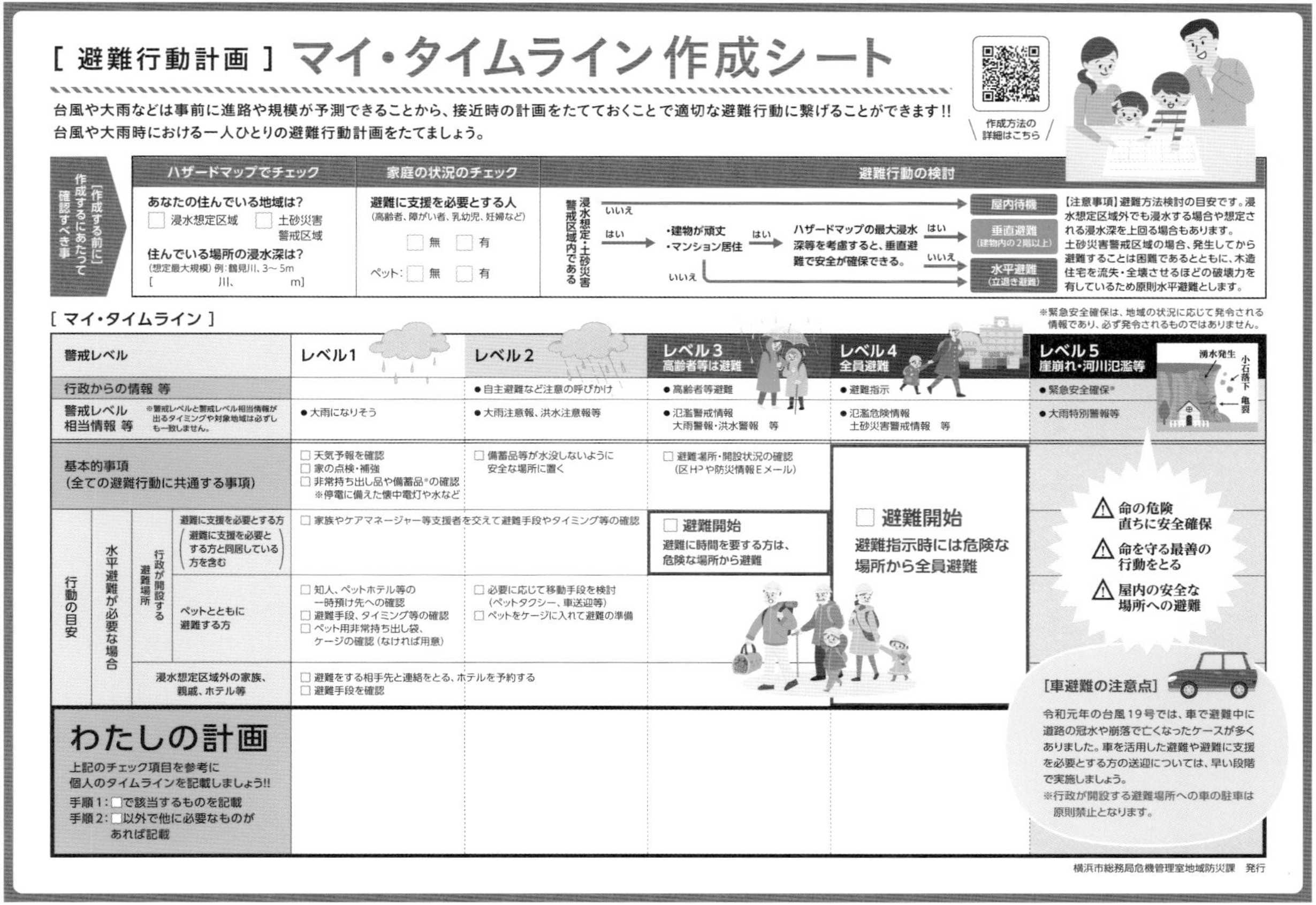

[避難行動計画] マイ・タイムライン作成シート

台風や大雨などは事前に進路や規模が予測できることから、接近時の計画をたてておくことで適切な避難行動に繋げることができます!!
台風や大雨時における一人ひとりの避難行動計画をたてましょう。

作成方法の詳細はこちら

[作成する前に]作成するにあたって確認すべき事

ハザードマップでチェック

あなたの住んでいる地域は?
□ 浸水想定区域 □ 土砂災害警戒区域

住んでいる場所の浸水深は?
(想定最大規模) 例:鶴見川、3～5m
[川、 m]

家庭の状況のチェック

避難に支援を必要とする人
(高齢者、障がい者、乳幼児、妊婦など)
□ 無 □ 有
ペット: □ 無 □ 有

避難行動の検討

浸水想定・土砂災害警戒区域内である
- いいえ → 屋内待機
- はい → ・建物が頑丈 ・マンション居住
  - はい → ハザードマップの最大浸水深等を考慮すると、垂直避難で安全が確保できる。
    - はい → 垂直避難(建物内の2階以上)
    - いいえ → 水平避難(立退き避難)
  - いいえ → 水平避難(立退き避難)

【注意事項】避難方法検討の目安です。浸水想定区域外でも浸水する場合や想定される浸水深を上回る場合もあります。土砂災害警戒区域の場合、発生してから避難することは困難であるとともに、木造住宅を流失・全壊させるほどの破壊力を有しているため原則水平避難とします。

[マイ・タイムライン]

※緊急安全確保は、地域の状況に応じて発令される情報であり、必ず発令されるものではありません。

警戒レベル	レベル1	レベル2	レベル3 高齢者等は避難	レベル4 全員避難	レベル5 崖崩れ・河川氾濫等
行政からの情報 等		● 自主避難など注意の呼びかけ	● 高齢者等避難	● 避難指示	● 緊急安全確保※
警戒レベル相当情報 等 ※警戒レベルと警戒レベル相当情報が出るタイミングや対象地域は必ずしも一致しません。	● 大雨になりそう	● 大雨注意報、洪水注意報等	● 氾濫警戒情報 大雨警報・洪水警報 等	● 氾濫危険情報 土砂災害警戒情報 等	● 大雨特別警報等
基本的事項(全ての避難行動に共通する事項)	□ 天気予報を確認 □ 家の点検・補強 □ 非常持ち出し品や備蓄品※の確認 ※停電に備えた懐中電灯や水など	□ 備蓄品等が水没しないように安全な場所に置く	□ 避難場所・開設状況の確認(区HPや防災情報Eメール)	□ 避難開始 避難指示時には危険な場所から全員避難	⚠ 命の危険 直ちに安全確保 ⚠ 命を守る最善の行動をとる ⚠ 屋内の安全な場所への避難
行動の目安 / 水平避難が必要な場合 / 行政が開設する避難場所 / 避難に支援を必要とする方(避難に支援を必要とする方と同居している方を含む)	□ 家族やケアマネージャー等支援者を交えて避難手段やタイミング等の確認		□ 避難開始 避難に時間を要する方は、危険な場所から避難		
行動の目安 / 水平避難が必要な場合 / 行政が開設する避難場所 / ペットとともに避難する方	□ 知人、ペットホテル等の一時預け先への確認 □ 避難手段、タイミング等の確認 □ ペット用非常持ち出し袋、ケージの確認(なければ用意)	□ 必要に応じて移動手段を検討(ペットタクシー、車送迎等) □ ペットをケージに入れて避難の準備			
行動の目安 / 水平避難が必要な場合 / 浸水想定区域外の家族、親戚、ホテル等	□ 避難をする相手先と連絡をとる、ホテルを予約する □ 避難手段を確認				
わたしの計画 上記のチェック項目を参考に個人のタイムラインを記載しましょう!! 手順1:□で該当するものを記載 手順2:□以外で他に必要なものがあれば記載					

[車避難の注意点]
令和元年の台風19号では、車で避難中に道路の冠水や崩落で亡くなったケースが多くありました。車を活用した避難や避難に支援を必要とする方の送迎については、早い段階で実施しましょう。
※行政が開設する避難場所への車の駐車は原則禁止となります。

横浜市総務局危機管理室地域防災課 発行

マイ・タイムライン作成シート(横浜市)

でしょうか。第一は、より精度の高いリアルタイムの情報*を活用することです。台風など大規模な現象に対しては天気予報（短期予報）により数日前～半日前の備えが可能ですが、突発的な豪雨には、現在あるいは10分先のナウキャスト*が重要になります。さらに、ナウキャストでは空間的により細かいデータが求められています。すなわち、自宅周辺と避難所がある数百ｍ～数㎞先の雨の降り方の違いをきちんと予測しなくてはなりません。

現在の降雨レーダー情報は、大体１㎞メッシュ、10分間隔で配信されていますが、より高分解能のデータ（例えば、１００ｍメッシュのデータを1分間隔で観測できることが必要）をリアルタイムで提供できるのが望しいといえます。また、雨量の精度の向上も求められます。地上の雨量計による補正を行わないで、直接レーダー観測から正確な雨量を算出することができる、高度化したレーダー*を用いた観測も必要です。また、レーダーネットワークによる観測*も実施されています。国土交通省のＸＲＡＩＮは、1分毎に正確なレーダー雨量の情報を発信しています。*また、アンテナを回転させず複数の素子を用いて秒単位での観測が可能となる、フェーズドアレイ気象レーダーの観測も始まっており、３次元の降水エコーの立体情報をみることができます。まさに今、さまざまな眼で〝雲をつかむ〟ことが可能になりつつあります。スマホなど携帯電話でリアルタイムのレーダー画像をみながら頭上の空を見上げて、個人が行動を判断できる時代になったといえます。

第二に、リアルタイムの降雨情報に基づいた行動の訓練が必要です。河川の近く、

＊リアルタイムの情報
お天気アプリなどさまざまな情報が現在提供されている。

＊ナウキャスト（nowcast）
ナウキャストは、「now（今）」と「forecast（予報）」を組み合わせた造語で、〝現在天気の予測〟を意味する。明日の天気予報は短期予報といわれるのに対して、10分先の予測は短時間予測とよばれる。

＊高度化したレーダー
二重偏波機能による粒子判別を行い正確な雨量の推定をレーダー単体で行えるようになった。マルチパラメータ（ＭＰ）レーダーとよばれる。

＊レーダーネットワークによる観測
首都圏の大学や研究所などのＸバンドレーダーをネットワーク化した実証実験が２００７年から始まり、Ｘ－ＮＥＴとよばれている。

＊正確なレーダー雨量の情報発信
これまでは、レーダーによる観測値を地上の雨量データ（アメダス）で補正するという手法（レーダー・アメダス合成雨量）が用いられてきた。

土石流の危険がある急傾斜地、低地帯や地下室など急激な増水などが予想される場所で、避難にどのくらいの時間的な余裕があるのかを、一度考えることが必要です。また、日ごろから自治体の作成した洪水ハザードマップを用いた危険度の把握など、防災意識を高めることも重要です。実際の豪雨時は、雷や突風を伴う嵐の状況下で、停電してパニックになることも十分に予想されます。最悪の事態、想定外のことが起こる複合災害*を考慮した訓練が望まれます。

また、一度自分の家の保険をチェックするのもお勧めです。火災保険（地震、津波、火山噴火による災害には別途地震保険に入る必要がある）では風水害（風害、水害、雪害、降雹、落雷など）も補償されますが、さまざまな特約など細分化された保険もあり、自分の住んでいる場所のリスクに応じて要不要を判断することも可能となっています。自分の住んでいる場所の、自然災害リスクを再認識するきっかけとなるでしょう。

教訓10か条

東海豪雨における名古屋市周辺の浸水状況をみてみましょう（図4・3）。庄内川や新川の氾濫（外水氾濫）により、西枇杷島町などに浸水被害が集中しました。東海地方は、古く江戸時代から治水対策を行ってきた土地柄であり、集中豪雨に対しては経験も備えもある地域といえます。今回、ここまで被害が大きくなったのには、記録的な雨量だけでなく、都市化の影響が無視できません。

＊複合災害
異なった要因の災害が同時に発生すること。気象に関しては、豪雨（豪雪）と突風（竜巻・ダウンバースト）、落雷が同時に起こり得る。また、台風と地震が同時に起こることもある。実際、関東大震災は台風通過直後に発生し、２００４年は台風23号上陸の２日後に新潟中越地震が、２０１８年は台風21号上陸の２日後に北海道胆振東部地震が発生している。

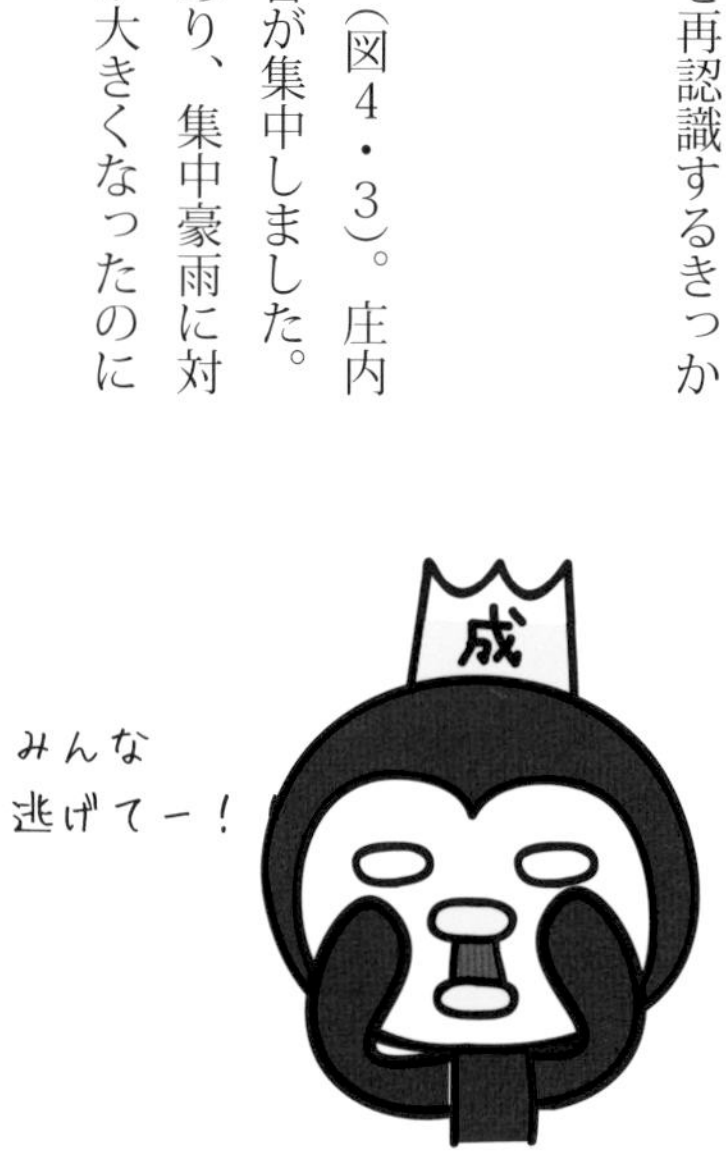

避難と声掛け

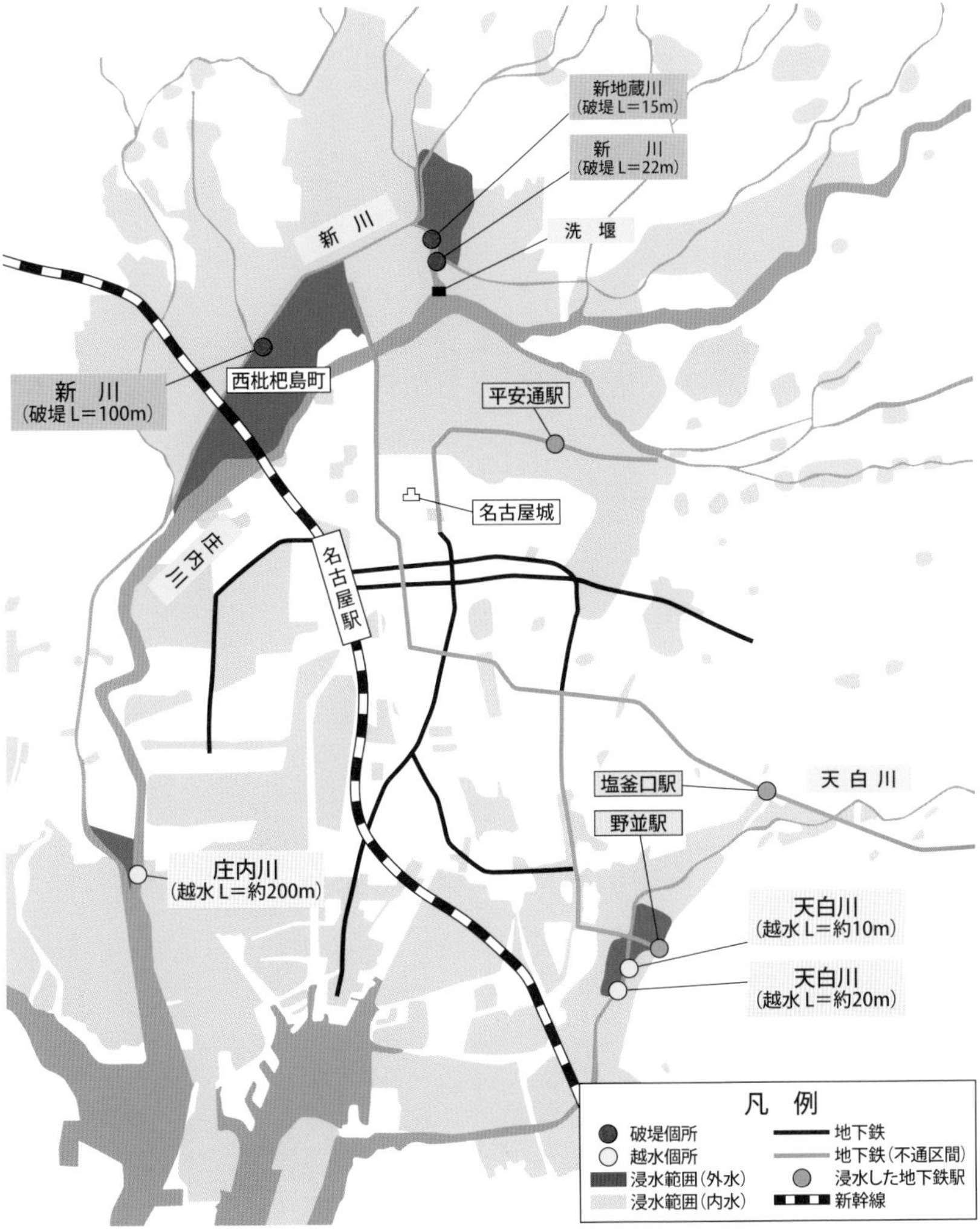

図4.3　東海豪雨における名古屋市周辺の浸水状況（国土交通省）

名古屋市でも昭和30年代までは、宅地に比べて農地の割合が勝っていましたが、昭和40年代の高度成長期を迎えると、農地がどんどんと宅地化されていきました（図4・4）。つまり、江戸時代からの城下町は浸水からは守られていたのです。これまでの豪雨災害の教訓から、現在に合った形で重要な事柄を以下の10か条にまとめてみました。

豪雨教訓10か条

①　マイハザードマップの作成
②　情報収集と共有（スマホ、ラジオ）
③　水・食料のローリングストック
④　自分（家族）に合った持ち出し品の準備
⑤　ご近所での避難、声掛け（高齢者、障害者、一人暮らし）
⑥　自治会、水防団、消防団、ボランティアの活性化
⑦　車（車での避難、車の移動、被災車対策）
⑧　地下室、地下街の水防対策
⑨　災害ゴミ対策
⑩　日常での風水害対応（低気圧や台風接近にベランダや庭の物を室内に入れる）

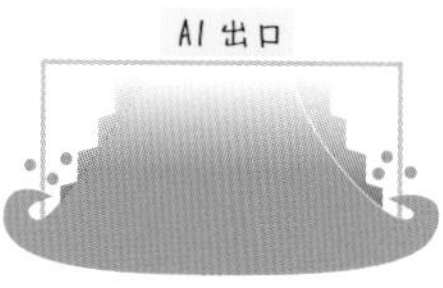

地下の水防対策

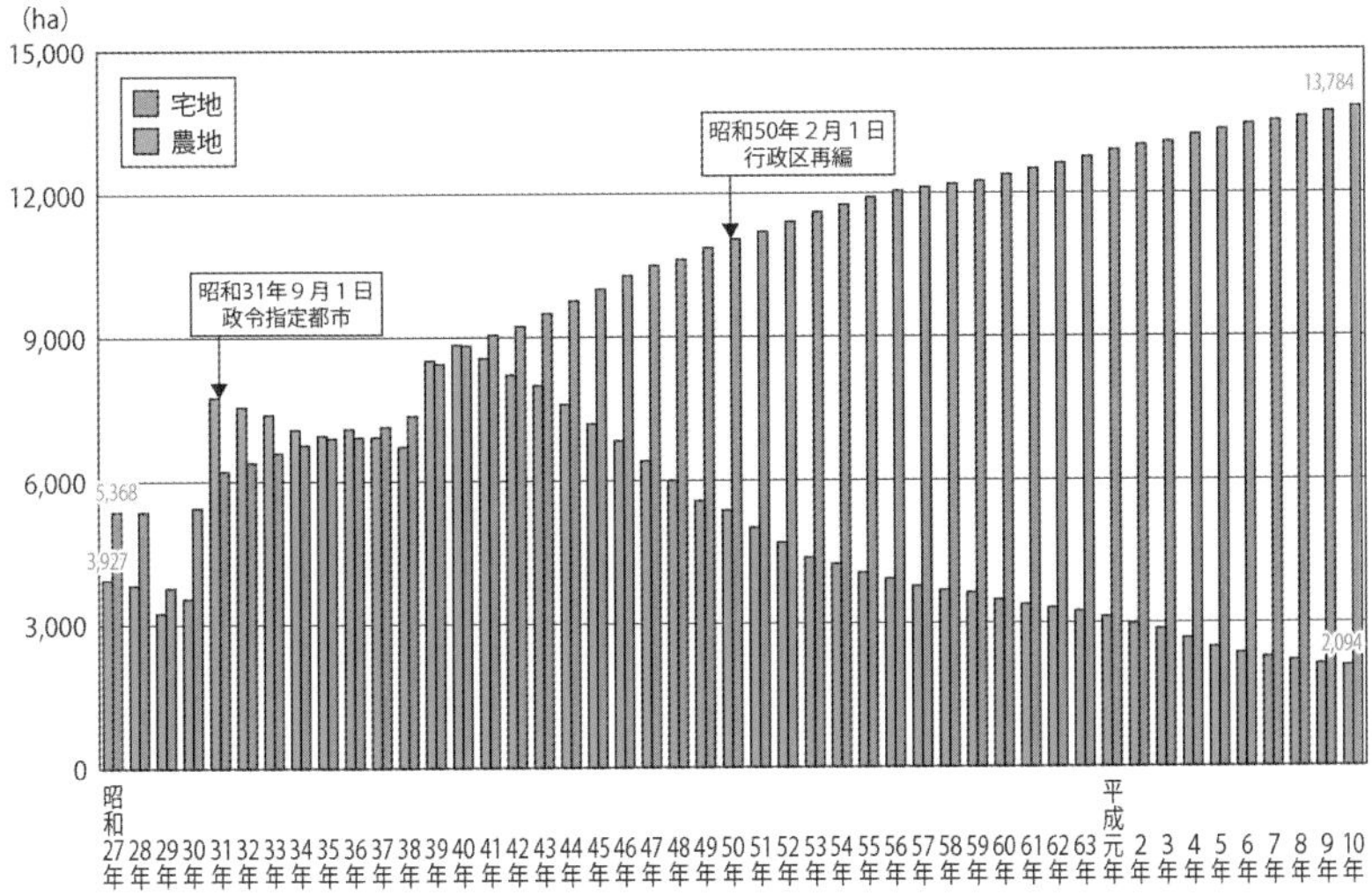

図4.4　名古屋市の農地と宅地の変化（国土交通省）

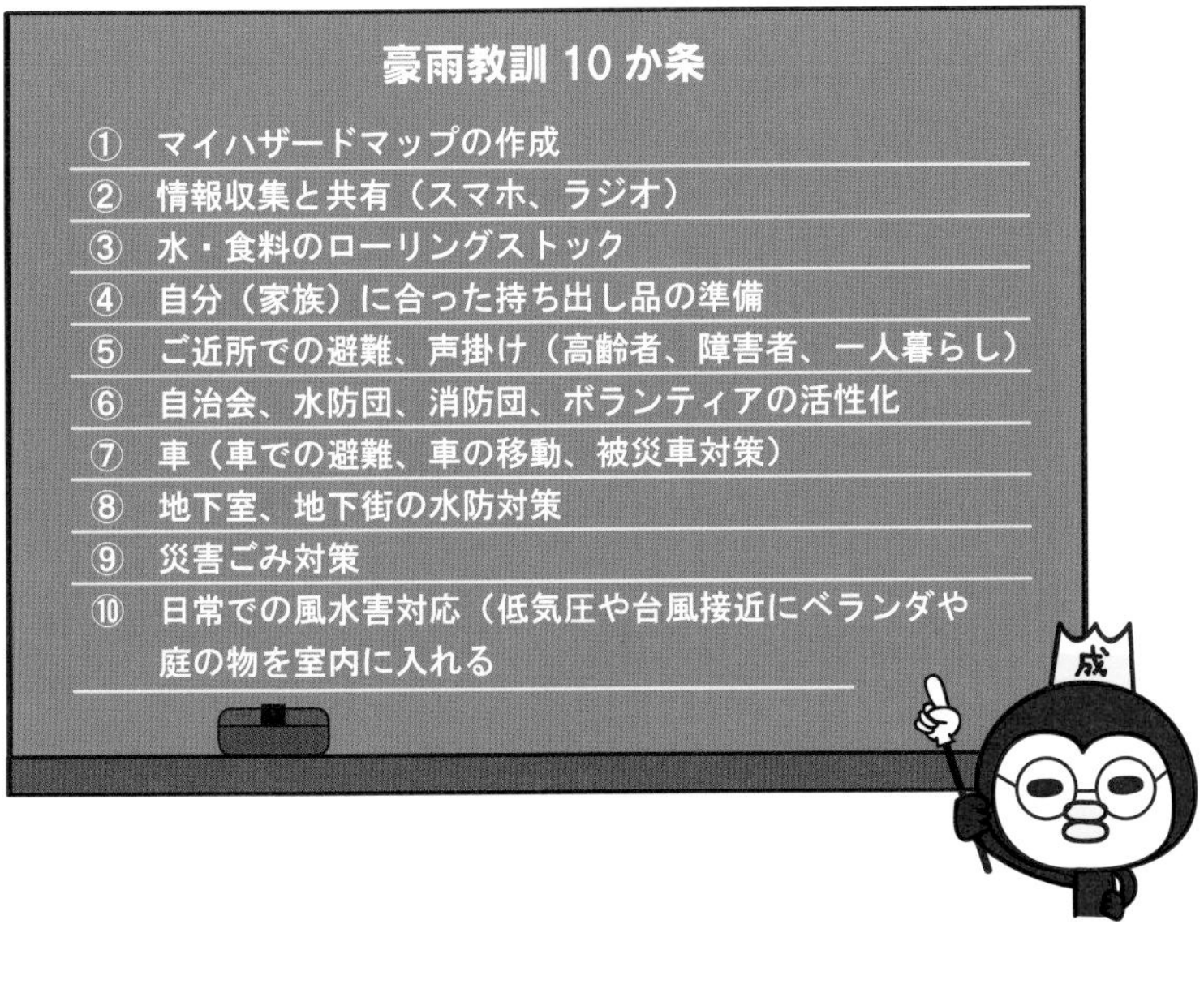

4.3 避難場所と非常用持ち物チェック

いざという時の避難場所の確認と何を持っていくかは、一人ひとりが準備しておくべき最優先の備えといえます。普段から一度は、避難場所までの経路と避難場所の環境を確認しておきましょう。災害時に、避難場所に移動するか、それとも自宅に留まるかの判断は自宅の立地条件や家族構成、あるいは最終的には個人の判断によるところが大きく、一概に二者択一の議論はできませんが、地震、火山、津波、風水害、パンデミック等々、一生のうちに避難をしないで済む人は幸運としかいいようがありません。

ここでは、豪雨時の避難について考えましょう。豪雨時に避難する難しさは、降り続く雨の中で避難の判断をしなくてはならない点にあります。地震であれば発生後、津波であれば到達前に避難することが明確ですが、豪雨の場合は事前に避難することは極めて稀です。多くの場合、設定雨量を超えて、避難勧告が出されてからの避難になります。どしゃぶりの雨が降り続く中避難するかどうか、夜間であれば、真っ暗な中避難を行うかどうかを判断しなくてはなりません。避難中のリスクを考えると、自宅避難という選択肢も現実的です。

最近では、「屋内避難」（屋内待機）、「垂直避難」（建物の2階以上に避難）、「水平避難」（立ち退き避難）という3つの避難方法が提唱されるようになりました。豪雨被害で最も恐ろしいのは、土石流やがけ崩れで自宅が流されたり、押しつぶさ

自転車が飛ばされないようにしまっておこう
成

日常での風水害対策

れたりすることです。避難する猶予はありませんから、土砂災害警戒区域内の人は水平避難が必須といえます。堤防決壊などの外水氾濫や、排水が追いつかなくなる内水氾濫は、降り始めから少なくとも、数十分~1時間程度の猶予があります。その間に、垂直避難か水平避難を判断できますが、刻々と状況が悪化する中での判断はなかなか難しいものがあります。自宅の想定浸水水深などを頭に入れた上で、平常時に一度水平避難の判断基準を決めておくことをお勧めします。マンション等集合住宅の2階以上で浸水被害のリスクが小さい場合は、自宅待機（屋内避難）が基本です。

いつでも出動できます！
成
水防団の活性化

成
町にあふれた災害ゴミ

お天気アプリ
雨
ふむふむ…
情報の共有

ただし、避難場所は決して快適ではありません。避難場所の多くは、学校の体育館や公民館などです。いまだに、夏は暑く、冬は底冷えのする体育館の床に毛布を敷いて雑魚寝する光景を目にしますが、これが先進国の防災対策といえるでしょうか。最近は、段ボールの簡易ベッドやプライバシー保護のための仕切り版やカーテンなどが用意されたところもみられま

天気下り坂のサインといわれる「ハロー現象」

すが、なかなか改善されません。外国では、家族単位のテントやベッドが基本です。文化や習慣の違いという人もいますが、避難所の劣悪な環境が原因で亡くなる、災害関連死が多いのも事実です。一度、自宅の廊下やフローリングで毛布に包まって寝てみてください。痛くて寝返りもうてないでしょう。また、実際に避難所の現場では、プライバシーが保護されないだけでなく、盗難、ハラスメント、騒音などの問題が顕在化しています。

このような現状を考えると、自宅を離れての避難先も日頃から話し合っておきましょう。公共の避難場所だけでなく、親戚・知人宅、ホテル等、車での避難など自分に合った場所を選んでおくことです。実際、避難所に人が押し寄せて、本当に避難すべき人が入れなかった事例もあります。また、新型コロナ禍を経験している私たちは密な空間を避ける必要があることも学んでいます。このようなことを考えると、私たちは住む家を決める際、特に自宅を購入する際、家の造りや交通の便だけでなく、自然災害のリスクをまず考慮すべきなのです。

非常用持ち出し品と備蓄品

さまざまな災害に備えて、非常時の持ち出し品をリストアップしておくことは、国や自治体、自治会などで盛んに啓発活動が行われて、ほとんどの人が既に実践し、頭に入っていることと思います。スーパーやホームセンターで、「非常持ち出し袋」を買うことも容易です。ここでは、一歩踏み込んだ議論を行いましょう。

首相官邸 Prime Minister's Office of Japan

災害の「備え」チェックリスト

監修／内閣府政策統括官（防災担当）、内閣府男女共同参画局

非常用持ち出し袋　避難の際に持ち出すもの!

- □ 水
- □ 食品
  （ご飯（アルファ米など）、レトルト食品、ビスケット、チョコ、乾パンなど：最低３日分の用意!）
- □ 防災用ヘルメット・防災ずきん
- □ 衣類・下着
- □ レインウェア
- □ 紐なしのズック靴
- □ 懐中電灯（※手動充電式が便利）
- □ 携帯ラジオ（※手動充電式が便利）
- □ 予備電池・携帯充電器
- □ マッチ・ろうそく
- □ 救急用品
  （ばんそうこう、包帯、消毒液、常備薬など）
- □ 使い捨てカイロ
- □ ブランケット
- □ 軍手
- □ 洗面用具
- □ 歯ブラシ・歯磨き粉
- □ タオル
- □ ペン・ノート

感染症対策にも有効です!!

- □ マスク
- □ 手指消毒用アルコール
- □ 石けん・ハンドソープ
- □ ウェットティッシュ
- □ 体温計

一緒に持ち出そう!!

- □ 貴重品
  （通帳、現金、パスポート、運転免許証、病院の診察券、マイナンバーカードなど）

子供がいる家庭の備え

- □ ミルク（キューブタイプ）
- □ 使い捨て哺乳瓶
- □ 離乳食
- □ 携帯カトラリー
- □ 子供用紙オムツ
- □ お尻ふき
- □ 携帯用お尻洗浄機
- □ ネックライト
- □ 抱っこひも
- □ 子供の靴

女性の備え

- □ 生理用品
- □ おりものシート
- □ サニタリーショーツ
- □ 中身の見えないごみ袋
- □ 防犯ブザー／ホイッスル

高齢者がいる家庭の備え

- □ 大人用紙パンツ
- □ 杖
- □ 補聴器
- □ 介護食
- □ 入れ歯・洗浄剤
- □ 吸水パッド
- □ デリケートゾーンの洗浄剤
- □ 持病の薬
- □ お薬手帳のコピー

備蓄品
お家に備えておくもの!

- □ 食料や水（最低３日分!できれば１週間分）× 家族分
  保存期間の長いものを多めに買っておき、消費したら補充するという習慣にしていれば、常に食料の備蓄が可能!
- □ 生活用品
  例えば、ティッシュ、トイレットペーパー、ラップ、ゴミ袋、ポリタンク、携帯用トイレ…など

ほかにも、家庭で必要なものは日ごろから備えておきましょう

災害の「備え」チェックリスト（内閣府）

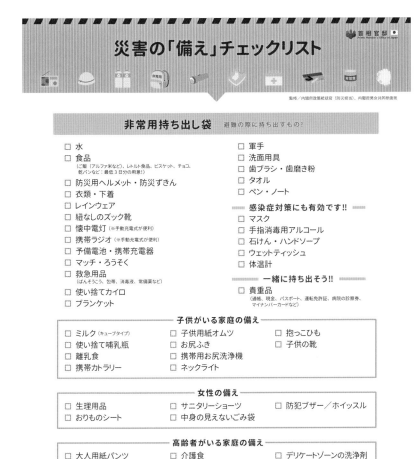

さまざまな「チェックリスト」をみて、その通り用意すると、とてもリュックに収まりきらなくなったり、重くて運べなくなったりします。まずは、最重要品を考えましょう。

【ステップ1】　必須5点

①　貴重品（クレジット・銀行等のカード類、免許証、保険証、マイナンバーカード、現金等）
②　薬（持病がある方は常備薬、痛み止め等）
③　携帯電話・充電器（バッテリー）
④　防災ずきん
⑤　緊急用品一式（懐中電灯、レインウェア、軍手、ノート、ペン、使い捨てカイロ、ばんそうこう、携帯ラジオなどをまとめておく）

【ステップ2】　基本の5点

①　下着
②　歯ブラシ・歯磨き（液体歯磨き）
③　体温計
④　お菓子・飲料
⑤　ウェットティッシュ

これらのものは、防災袋ではなく、日常のバッグやリュックに入れて、通勤や出張など常に持ち歩く癖をつけることが大事です。自然災害だけでなく、例えば長時

必須5点

間列車に閉じ込められることなども考えて、日常、非日常の区別なく持ち歩きたいものです。しかし現実として貴重品をすべて持ち歩くのは難しいことですので、自宅ではすぐに持ち出せるよう置く場所を決め家族全員で管理しておきましょう。一口に貴重品といっても、重要書類から骨董品、絵画など人によりさまざまであり、自宅のリスク度によって保管場所を考える必要があります。自宅が流出する可能性があれば、自宅以外に保管場所を探すことも考えた方がよいでしょう。甚大な豪雨災害や大津波の経験から、どのような形で物やデータを残していくかが現在も議論されています。

【ステップ１】にある防災ずきんは、バッグに入れておけば、いざという時に座布団やクッション、枕代わりになり大変便利です。【ステップ２】にある下着は、豪雨時の避難では、ずぶ濡れになって避難所で着替えることを考えると、「自分の下着」が大事です。避難所に行けば、毛布などが用意されており、冷えた体を暖めることはできますが、下着までは用意されていません。あまり書かれていませんが、数日の避難所生活でも、口紅ひとつ塗るか塗らないかで気持ちが違ってくるという話を耳にしますので、多少の化粧品は携帯するといいかもしれません。

【ステップ３】　家族構成に応じて

①　子ども（幼児）がいる場合
②　高齢者がいる場合
③　女性の備え

防災ずきん

備蓄品

自宅での備蓄品は、巨大地震や大噴火など他の災害も考慮して、最低3日間、できれば1週間分をストックしておきたいところです。豪雨被害の場合であれば、3日間乗りきれば何とかなる場合も多いですが、想定外の巨大地震や巨大噴火が発生し、物流が完全にストップした場合、1週間でも足りないことを頭に入れておく必要があります。食品や日用品のローリングストックを心がけましょう。私たちは、マスクの品不足、トイレットペーパーの品不足など、これまでに何度も経験しています。価格が高騰して品薄になった物を買い求める労力は避けたいものです。

そしてトイレの問題は深刻です。特に、マンションなどの集合住宅では、停電、断水ですべてのトイレが使えなくなり、簡易トイレで溜まった汚物をどうするかは難しい課題です。事前に直接下水に捨てるマンホールなどを決めておく、あるいは汚物の堆積場を決めておく等の準備をしておかないと、自宅で保管*するしかないのが現状です。臭わないゴミ袋などを活用する方法もあります。私たちは東日本大震災の後、計画停電やガソリン不足などを経験しました。車の給油も半分を切ったら満タンにしておくなどの習慣がいざという時に役立つでしょう。

4.4 最新の観測

線状降水帯の予測精度を向上させる研究が進んでいます。豪雨の予測には、既に始まっている雨を気象レーダーで観測するのでは遅く、雨になる前の水蒸気量をい

*自宅で保管
室内での保管は臭いの問題で難しく、おそらく全世帯でベランダに出すことになると思われるが、異臭で暮らせない可能性も大きい。

ローリングストック

かに正確に把握するかが重要となります。しかしながら、水蒸気*の観測は気象観測のなかで最も難しい技術です。

まず、空気中に含まれている水蒸気の量について考えてみましょう。一般に、水蒸気量を直接測るのは難しいため、大気中の全圧に対する水蒸気の分圧*で表します。ある温度（気温）の空気に含まれる水蒸気圧は決まっており、その最大値は飽和水蒸気圧とよばれます。例えば、気温が30℃で飽和水蒸気圧は40hPa、20℃で23hPa、0℃で6hPa程度です。気温が上がれば上がるほど大量の水蒸気を含むことができるのが、ポイントです。さらに、0℃未満では−10℃で飽和水蒸気圧3hPa、−30℃で0・5hPaとわずかですが水を含むことができます（水飽和）。同時に氷（固体）に対しても飽和水蒸気圧は存在し（氷飽和）、水飽和よりも低い値となります（図4・5）。専門家ですら水蒸気量は普段用いることは、あまりありません。水分量は、1kg中の乾燥空気に含まれる水をg（グラム）で表

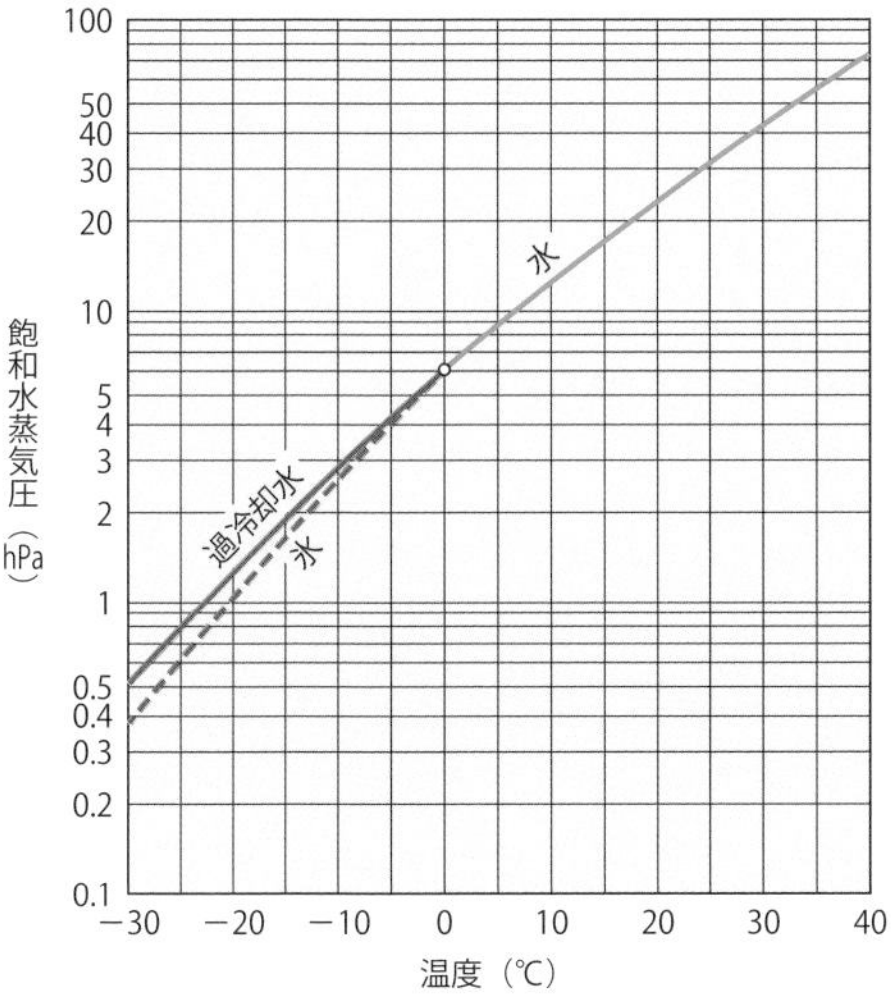

図4.5　飽和水蒸気圧曲線

＊水蒸気
水（H_2O）分子の気体の状態。水蒸気が凝結して液体の雲粒や雨滴となる。

＊水蒸気の分圧
混合気体の1成分が同じ体積を占めた時の圧力をいう。混合気体の全圧は各成分の分圧の和に等しい（ドルトンの法則）。

しますが、その値は数g～30g程度という微々たるものです。例えば、冬のカラカラに乾燥した場所では、5g/kg（相対湿度で10％程度。）程度、梅雨時期のジメジメした蒸し暑い時は20g/kg（相対湿度で90％程度。）程度、台風が接近した蒸し風呂状態で30g/kg程度です。

この課題を解決すべく、水蒸気マルチセンシング技術の開発が進められています。現在、防災科学技術研究所を中心としたグループが、マイクロ波放射計*と水蒸気ライダー*の観測網を九州に展開するとともに、地上デジタル放送波観測*と航空機観測（洋上の水蒸気を観測）を組み合わせて、これまでになかった高密度の水蒸気観測網を構築しています。

このような観測データを数値予報モデルの初期値に取り込み、予測精度を向上させると同時に、予測結果に基づいた半日前の避難を実現させる社会実験が、九州で行われています。予測が当たることと、十分なリードタイムが確保できるかが肝となります。これらの結果を自治体に情報提供することによって、確実な避難を実施することが可能となり、人的被害の軽減につながるという社会実装を目指しています。

4.5 気象制御

激甚化する極端気象に対して、身を守るという受け身の対応だけでなく、現象そのものを変化させようという能動的な対策も考えられています。人工的に気象、気候を改変させる技術は、気象制御といわれています。有名なのは、「人工降雨」や「人

＊マイクロ波放射計
大気中の水蒸気や雲から放射される電磁波を地上で受信し、水蒸気などの物理量を推定するための測器で、地上マイクロ波放射計とよばれる。水蒸気の鉛直積算量を高時間分解能で観測することが可能となった。

＊水蒸気ライダー
レーザー光を上空に発射し、水蒸気分子による散乱光を観測することで、水蒸気の高度分布を知ることができる。

＊地上デジタル放送波観測
水蒸気量によって地上デジタル放送の電波が到達する時間に遅れが生じる原理を用いて、地表付近の水蒸気の水平分布を観測。

工消雨」といわれる、人工的に雨を降らせたり、雨を弱めたりする技術です。今から半世紀前に大雨や渇水対策などとして世界各地で研究が始められました。

　人工降雨は、降りそうな雨雲（雪雲）に、ヨウ化銀やドライアイスを撒《ま》いて、雨滴生成を促進させるという技術です。人工消雨は、発達した雨雲や雷雲にヨウ化銀などを撒いて、雨雲が近づく前に消散させるというものです。原理的に両者は同じですが、雲の発生過程のどのタイミングで撒くかが異なっています。有名なのは、北京オリンピックの開会式*です。天気予報では、開会式当日夜の天気は「雷雨」でした。そこで、数時間前に周辺の雨雲に数１００発のロケットを打ち込み、結果として開会式時間の北京市内は「晴れ」となりました。ロシアでも降雹対策として、積乱雲が発達して雹が成長する前に弱める試みが行われています。

　日本では古くから気象は神様の仕業であり、「雨乞い」など神事*で対応してきた歴史があります。近年、わが国でも科学的な手法を用いた気象制御の研究が盛んになっています。１９９０年代後半から渇水対策としての人工降雨実験が継続されています。最近では、台風制御の研究が本格化しています。科学技術振興機構のムーンショット型研究開発事業のひとつに「２０５０年までに、激甚化しつつある台風や豪雨を制御し極端風水害の脅威から解放された安全安心な社会を実現」する目標があり、２０２２年から具体的な研究活動が開始されています。

＊北京オリンピックの開会式
2008年8月8日午後8時（中国標準時）から開始された。

＊「雨乞い」など神事
火をたいて雨乞いを行った結果雨が降ったという報告もあるが、火による上昇流と薪などを燃やした灰が凝結核となる点で、一種の人工降雨といえ、理にかなった行為ともいえる。

ジオエンジニアリング

温暖化など気候変動問題を解決するための工学的技術は、ジオエンジニアリング（Geo-Engineering）とよばれ、現在活発に研究が行われています。日本語では、気候工学と訳され、人為的に気候に介入し、気候をコントロールすることを意味しています。

現在の地球温暖化を念頭に、太陽放射の制御*と二酸化炭素軽減*が主な目的であり、例えばエアロゾル等*を大気中に放出して太陽日射をコントロールし、寒冷化させようとする技術や、海中のプランクトンを活性化させ二酸化炭素の吸収を増大させようとする技術などがあります。

ただし、いずれも地球規模での壮大な環境改変事業であり、実施後どのような変化が起こるかは未知な部分が多いため、批判的な見方が多いのが現状です。気候変動のきっかけは「バタフライエフェクト」*といわれるように、ちょっとした要因がきっかけで進行し、一旦動き始めると止めるのは難しいためです。大規模な火山噴火が起こり、火山灰が成層圏にまで運ばれると、日射量が減少して地球の平均気温は1~2℃低下することが知られています。ジオエンジニアリングの技術で、同様の効果を生み出すことは明日にでも実行可能かもしれません。ただし、このような実験の結果、寒冷化*が加速することも十分に考えられます。台風や積乱雲をコントロールして災害が軽減できたとしても、台風や積乱雲がもたらす水は確実に減ります。人工降雨にしても、降って嬉しい人とそうでない人の利益相反は必ず生じま

***太陽放射の制御**
太陽放射管理といわれ、成層圏にエアロゾルを散布する。あるいは、海洋上における雲の増加などによる日射量の低減が検討されている。

***二酸化炭素軽減**
二酸化炭素の除去方法として、海洋の肥沃化で海中生物の光合成促進、工学的あるいはバイオによる炭素回収貯蔵技術が議論されている。

***エアロゾル等**
チャフとよばれる小さな金属片を撒くのが現実的な方法である。

***バタフライエフェクト**
蝶の羽ばたきのような微々たる運動が大きな変化につながるという意味で使われる。ささいな人ひとりの活動が歴史を変える場合にも使われている。

***寒冷化**
1970年代は氷河期に向かって寒冷化することが社会的な問題であった。

気象制御はこれからの技術です。その影響範囲の大きさから、AI 問題のように世界中を巻き込むトピックになるかもしれません。
小林

す。また、降りすぎて災害になった場合の補償はどうするか考えなくてはなりません。

　地球相手の壮大な野外実験であるジオエンジニアリングは、試行実験による定量的な効果を確認することが難しく、環境に与える影響を事前に評価することも極めて難しいといわざるを得ません。また、ジオエンジニアリングに関する法整備は進んでいませんから、今後、社会的、倫理的、法的な観点から検討されることが望まれます。

おわりに

本書では、最近の豪雨と豪雪二本立てで執筆しました。1章の線状降水帯による豪雨では、集中豪雨、都市型豪雨、ゲリラ豪雨といった、わが国における豪雨対象の変化の歴史を含めて本格的な観測研究や予測が始まったばかりの線状降水帯の紹介を試みました。一方、2章ではこれまでの観測事例をもとに豪雪をまとめました。降雪雲の研究は、筆者のライフワークのひとつといえ、学生時代の北海道における観測から、その後の北陸における観測を紹介する形で構成しました。さらに、3章では両者のメカニズムを体系的に説明するよう心がけました。

本書作成にあたり、図面、写真、情報などを提供、使用させて頂きました、内閣府、国土交通省、気象庁、横浜市、清水慎吾氏、石渡宏臣氏各位に謝意を表します。30年以上におよぶ降雪雲のレーダー観測では、多くの先生方、共同研究者、学生の皆さんのお世話になりました。今回もカラーイラストの作成など編集部の皆さんに力を注いで頂きました。本稿を上梓するにあたり、成山堂書店の小川典子会長のお世話になりました。紙面を借りてお礼申し上げます。

2023年7月

小林文明

参考文献

浅井冨雄，1988：日本海豪雪の中規模的様相，天気，35，156-161.

Bluestein, H. B. and M. H. Jain, 1985: Formation of mesoscale lines of precipitation: Severe squall lines in Oklahoma during the spring, J. Atmos. Sci., 42, 1711-1732.

Browning, K. A., J. C. Fankfauser, J-P. Chalon, P. J. Eccles, R. C. Strauch, F. H. Merrem, D. J. Musil, E. L. May and W. R. Sand, 1976: Structure of an evolving hailstorm, Part V: Synthesis and implications for hail growth and hail suppression, Mon. Wea. Rev., 104, 603-610.

Browning, K. A. and G. B. Foote, 1976: Airflow and hail growth in supercell storms and some implication for hail suppression, Quart. J. Roy. Met. Soc., 102, 499-533.

Charba, J., 1974: Application of gravity-current model to analysis of squall-line gust front, Mon. Wea. Rev., 102, 140-156.

Droegemeier, K. K. and R. B. Wilhelmson, 1987: Numerical simulation of thunderstorm outflow dynamics. Part I: Outflow sensitivity experiments and turbulence dynamics, J. Atmos Sci., 44, 1180-1210.

Houze, R. A., 1993: Cloud Dynamics, Academic Press, 537pp.

気象庁，2022：気象業務はいま，87pp.

小林文明，2004：暑くなる巨大都市，Newton（2004年10月号），100-105.

小林文明，2004：ヒートアイランドが降水におよぼす影響，天気，51，115-117.

小林文明，2014：竜巻　メカニズム・被害・身の守り方，成山堂，151pp.

小林文明，2015：ファーストエコー，天気，62，539-540.

小林文明，2016：ダウンバースト　発見・メカニズム・予測，成山堂，135pp.

小林文明，2018：積乱雲　都市型豪雨はなぜ発生する？，成山堂，148pp.

小林文明，2020：雷，成山堂，125pp.

小林文明，2021：新訂竜巻，成山堂，207pp.

Kobayashi, F. and N. Inatomi, 2003: First Radar Echo Formation of Summer Thunderclouds in Southern Kanto, Japan, J. Atmos. Electr., 23, 9-19.

Kobayashi, F., A. Katsura, Y. Saito, T. Takamura, T. Takano and D. Abe, 2012: Growing speed of cumulonimbus turrets, J. Atmos. Electr., 32, 13-23.

Kobayashi, F., A. Katsura and T. Ookubo, 2019: Relationship between growing speed and turret development, J. Atmos. Electr., 38, 1-9.

Kobayashi, F., K. Kikuchi and H. Uyeda, 1989: A mesocyclone generated in snow clouds observed by radar on the west coast of Hokkaido Island, Japan, Journal of Fac. Science, Hokkaido University, Ser. II, Vol. 8, 381-396.

Kobayashi, F., K. Kikuchi and H. Uyeda, 1998: Relationship between mesoscale vortices and a band cloud on the west coast of Hokkaido: A case study of a meso-γ-scale wave train during special radar observations, Journal of Fac. Science, Hokkaido University, Ser. II, Vol. 11, 71-88.

小林文明，大窪拓未，山路実加，桂啓仁，鷹野敏明，柏柳太郎，高村民雄，2013：房総半島における積雲・積乱雲発生の集中観測，日本大気電気学会誌，82，114-115.

Kobayashi, F., H. Sugawara, Y. Ogawa, M. Kanda and K. Ishii, 2007: Cumulonimbus Generation in Tokyo Metropolitan Area during mid- summer days, J. Atmos. Electr., 27, 41-52.

小林文明，菅原広史，小川由佳，神田学，田村幸雄，日比一喜，宮下康一，本條毅，足立アホロ，三上岳彦，石井康一郎，2006：夏季晴天時東京都心における対流雲発生時の下層風系，第19回風工学シンポジウム論文集，43-48.

Kobayashi, F., T. Takano and T. Takamura, 2011: Isolated cumulonimbus initiation observed by 95-GHz FM-CW radar, X-band radar, and photogrammetry in the Kanto region, Japan, SOLA, 7, 125-128.

小林文明，上野洋介，稲富成子，紫村孝嗣，2001：1999年７月21日東京都心周辺に豪雨をもたらした積乱雲，天気，48，３-４.
小林文明，吉崎正憲，柴垣佳明，橋口浩之，手柴充博，村上正隆，2003：「冬季日本海メソ対流系観測－2002（WMO-02)」の速報，天気，50，385-391.
国土交通省河川局，2001：災害列島2000―都市型水害を考える，48pp.
Madddox, R. A., 1980: Mesoscale convective complexes, Bull. Amer. Meteor. Soc., 61, 1374-1387.
松本誠一, 二宮洸三，1969：降雪に伴う中規模じょう乱に関する研究，天気，16，291-302.
茂木耕作，2010：水蒸気前線，天気，57，55-56.
村松照男，小倉士郎，小林尚治，1975：北海道西岸小低気圧型の大雪，天気，22，369-379.
岡林俊雄，1972：気象衛星から見た雪雲と降雪についての研究への利用，気象研究ノート，113，74-106.
齊藤洋一，小林文明，桂啓仁，高村民雄，鷹野敏明，操野年之，2013：衛星（MTSAT-1R）ラピッドスキャンデータでみた孤立積乱雲の一生，天気，60，247-260.
Suzuki, T., F. Kobayashi, T. Shimura, T. Miyazaki, T. Hirai and K. Nagaya, 2000: Generation of Summer Thunderclouds in the Northern Kanto Area, Japan. Part1: First Echo Generation, J. Atmos. Electr., 20, 29-40.
津口裕茂，2016：線状降水帯，天気，63，727-729.
内田英治，1979：Ｖ字型の雲パタンと日本海沿岸の大雪，天気，26，287-298.
Weisman, M. L. and J. B. Klemp, 1982: The dependence of numerically simulated convective storms on vertical wind shear and buoyancy, Mon. Wea. Rev.,110, 504-520.
八木正充，1985：冬期の季節風の吹きだし方向に対して、おおよそ直交する方向にロール軸をもつ大規模な雪雲，天気，32，175-187.
八木正充，由田健勝，前田紀彦，鴨志田章，田中康夫，菊地弘明，中島尚，1979：北海道西岸に出現した小低気圧の解析，天気，26，87-97.
吉崎正憲，加藤輝之，永戸久喜，足立アホロ，村上正隆，林修吾，WMO-01観測グループ，2001：「冬季日本海メソ対流系観測-2001（WMO-01)」の速報，天気，48，893-903.

索　引

【欧文】　和欧混合・数字を含む

【あ行】

【や・ら行】

著者略歴

小林 文明　こばやし ふみあき

生年月日：1961年11月3日

最終学歴：北海道大学大学院理学研究科地球物理学専攻博士後期課程修了

学位：理学博士

経歴：
防衛大学校地球科学科助手、同講師、同准教授を経て現在、防衛大学校地球海洋学科教授
千葉大学環境リモートセンシング研究センター客員教授（H23〜H24）
日本大気電気学会会長（H25〜H26）、日本風工学会理事

専門：
メソ気象学、レーダー気象学、大気電気学、研究対象は積乱雲および積乱雲に伴う雨、風、雷

著書：
『Environment Disaster Linkages』（EMERALD GROUP PUB）、『大気電気学概論』（コロナ社）、『スーパーセル』（監訳、国書刊行会）、『レーダの基礎』（コロナ社）、『新訂　竜巻―メカニズム・被害・身の守り方―』、『ダウンバースト―発見・メカニズム・予測―』、『積乱雲―都市型豪雨はなぜ発生する？―』、『雷』（いずれも成山堂書店）

線状降水帯《せんじょうこうすいたい》　**ゲリラ豪雨からJPCZまで豪雨豪雪の謎**　定価はカバーに表示してあります。

2023年8月8日　初版発行

著　者　小林　文明
発行者　小川　啓人
印　刷　勝美印刷株式会社
製　本　東京美術紙工協業組合

発行所 株式会社 **成山堂書店**
〒160-0012　東京都新宿区南元町4番51　成山堂ビル
TEL：03(3357)5861　　Fax：03(3357)5867
URL　https://www.seizando.co.jp
落丁・乱丁本はお取り換えいたしますので、小社営業チーム宛にお送りください。

ISBN978-4-425-51511-0